U0340263

博物学家与孩子们的
乡间漫步

【英】威廉·霍顿 著

谢幕 谢凯 译

江苏凤凰文艺出版社
JIANGSU PHOENIX LITERATURE AND
ART PUBLISHING

图书在版编目（ＣＩＰ）数据

博物学家与孩子们的乡间漫步 /（英）霍顿
（Houghton,W.）著；谢幕，谢凯译. — 南京：江苏
文艺出版社，2016（2023.5重印）
（博物志）
ISBN 978-7-5399-7045-5

Ⅰ.①博… Ⅱ.①霍… ②谢… ③谢… Ⅲ.①自然科
学－青少年读物 Ⅳ.①N49

中国版本图书馆 CIP 数据核字(2014)第 094924 号

书　　名	博物学家与孩子们的乡间漫步
著　　者	（英）霍　顿
译　　者	谢　幕　谢　凯
责 任 编 辑	朱雨芯
出 版 发 行	凤凰出版传媒股份有限公司
	江苏凤凰文艺出版社
出版社地址	南京市中央路 165 号，邮编：210009
出版社网址	http://www.jswenyi.com
经　　销	凤凰出版传媒股份有限公司
印　　刷	三河市紫恒印装有限公司
开　　本	880 毫米×1230 毫米 1/32
印　　张	5.75
字　　数	100 千字
版　　次	2016 年 9 月第 1 版
印　　次	2023 年 5 月第 5 次印刷
标 准 书 号	ISBN 978-7-5399-7045-5
定　　价	35.00 元

（江苏凤凰文艺版图书凡印制、装订错误，可向出版社调换，联系电话025-83280257）

001

目录

003

博物学家与孩子们的乡间漫步

亚瑟

罗宾

梅

杰克

威利

四月漫步（上）

孩子们，今天可是个好日子，那就去田野里散散步吧。阳光温暖明媚，鸟儿正沐浴着美好春光，快乐地歌唱；小羊儿到处撒欢，你追我赶。收起功课吧，给自己放个假。

"喔!"威利说，"太棒了。我要带上一两个瓶子，还有我的纱网，咱们准能找些有意思的东西回家。去哪儿呢?"

去哪儿并不重要。漫步在乡间，总会有很多东西让你目不暇接，总会有很多东西让你赞叹不已。

"我们就去湿地吧，"

杰克说，"爸爸，你知道吗？村里一个小男孩说他前几天在湿地找到了一个田凫窝，里面还有四颗蛋呢，所以我也想去找找看。"

于是，我们来到了湿地——途中，我们必须得跨过一两个排水沟，因为沟沿的土很是松软，所以我们都是小心翼翼的，不然就会跌进沟里。

啊，你看你看，那儿有两只崖沙燕，这是我今年第一次瞧见崖沙燕呢。看它们飞得多快啊。时而翱翔天际，时而轻掠地面。家燕和毛脚燕还没见到，但过不了几天它们肯定会现身的。

"它们打哪儿来呢，爸爸？"梅问我，"我们从未在冬天见过燕子，你常跟我们说，等春天到了，我们就能见到小燕子了；临近夏末时，小燕子就会飞走。"

就在这块木头上坐会吧，我来给你们讲讲燕子的事儿。

崖沙燕

每年，都会有四种燕子飞来我们这儿，它们从非洲远道而来。这些燕子分别是崖沙燕、家燕、毛脚燕和雨燕。我们很容易就能把它们区分开来。

在燕子家族里，崖沙燕的个头最小，飞起来的时候，你们会发现它们的背部是褐色或灰褐色的，而腹部呈现白色。毛脚燕的背部油黑发亮或呈黑褐色，腹部同样呈现白色。和毛脚燕一样，家燕的背部很有光泽，不过腹部略呈皮革黄。而且，家燕的个头比毛脚燕和崖沙燕都要大。

正说着，恰巧有一只家燕打我们身旁飞过。今天是四月十二日，它们差不多也都要回来了。现在，你们能看清它的颜色，肯定也会注意到家燕的尾巴形状和其他燕子不同，家燕尾巴的分叉远远多过崖沙燕。尾巴看起来分叉是因为最外面的尾羽比别的羽毛长很多。

现在，我希望你们能注意到这些区别，并能叫对它们的名字，而不是笼统地全部叫成燕子。还有雨燕没说呢，它们要到五月才回到这儿。燕子家族中个头最大的就属雨燕，除了颌下有一小块看起来脏乎乎的白斑，雨燕全身

家燕

上下都呈黑褐色。

"可是爸爸，"杰克说，"这四种燕子真的全部都是从非洲来的吗？它们在非洲和我们这儿之间飞来飞去，怎么才能找到路呢？它们怎么才能飞到前一年到过的地方呢？这可真是让人好奇呀。"

确实让人好奇，不过从做过的实验看，这些鸟儿每年都会返回原来的栖息地。许多年前，琴纳医生在格鲁斯特的一家农舍中找到过几只雨燕，他切掉雨燕十二个脚趾甲中的两个，以此作为标记。第二年，晚上鸟儿归巢后，琴纳医生仔细察看它们的藏身之处，结果在巢中发现许多他曾做过记号的鸟儿。接连两三年，他察看鸟巢时总会发现一些他做过记号的鸟。事情过去了七年，临近第七年年尾的一天，一只猫叼着一只雨燕钻进了农人的厨房，而那只雨燕正是琴纳医生做过记号的。

雨燕

威利，我现在问你一个地理问题。燕子家族是从非洲来到我们这儿，那么，它们必须飞越哪个海洋呢？

"地中海，爸爸。"

答对了。你能告诉我地中海最狭窄的地方是哪儿吗？

"直布罗陀海峡。"

又答对了。那儿的水道约为五英里宽。人们经常在直布罗陀海峡见到家燕、雨燕、沙燕和其他飞来我们这儿的鸟。船上的人常看见雨燕在欧洲和非洲之间长途跋涉。有时候，这些可怜的鸟儿实在飞得太累了，不得不在桅杆、甲板或桅索上歇一会儿。这种现象在有雾的天气中经常发生。

嘿，杰克，离这儿六码远的地方，是什么东西跳进了水里？嘘，别说话，我们去瞧瞧那是什么。啊！原来是我的一个朋友——水田鼠。我看到这个到处

水田鼠

乱逛的家伙了，它有着大大的黄牙，还有乌溜溜的眼睛。瞧见了吗？它就在水沟的那边。人们通常叫它水老鼠，但它和老鼠并没有什么关系，也不是有害动物。

"呀，爸爸，"威利说，"村里的男孩子们经常捕杀这种他们叫做水老鼠的东西，一逮着机会就把它弄死。我想他们是把它当成普通田鼠了。你刚刚说，它们没有害处，这是真的吗？"

几乎没有。水田鼠不吃小鸡小鸭，不会钻到麦垛里去，也从不偷吃玉米。它们只吃植物，水草根茎之类的。不过，我觉得水田鼠一定喜欢豆类，因为它们有时会在河边和溪边刚播下豆种的地里干点坏事，而这些小家伙的洞就打在堤岸上。

我拍了拍手，这个一身深灰色的"小朋友"立马潜入水里。等到它再从水里钻出来，很可能已经逃到水沟岸旁的小洞中。改天我让你们看看水田鼠和真正老鼠的颅骨，你们会发现它们牙齿的形状和排列方式完全不同。我说过的，这种我们熟悉的小动物和老鼠毫无瓜葛，反而是你们常在书中读到的另一种有趣动物的亲戚——水獭。

"那个，爸爸，"杰克说，"我不想坐在这儿了，我们现在找田凫蛋去吧。"

好吧，杰克。如果你真能找到田凫蛋，明天早上你们每人都能吃一个田凫蛋当做早餐。连壳煮熟的田凫蛋放凉后真是人间美味。不过我想到田凫是种很珍贵的鸟，做了很多好事，所以我们不能拿它太多的蛋。我们最好分头行动吧，这样更有机会找到田凫鸟巢。

很快就听到杰克的叫喊声，眼尖的他已经找到一个田凫鸟巢，里面有四个蛋，我们连忙朝他奔去。就在这时，一只成鸟尖叫着扑腾翅膀，它一步步地飞向我们，离我们很近。它肯定是知道自己的窝被人发现了，想引开我们，所以假装翅膀受伤，引我们去抓它。杰克果然冲过去追成鸟，哈！哈！其他几个孩子也跟着去了，而我则寻思着要帮田凫对付杰克。

你们不追了吗？好吧，那就再休息会儿，平复一下喘息。

正如你们看到的那样，田凫的窝很是简陋，不过是地面上的一个小洞，或许往里面填点儿干草。田凫懂得误导接近鸟蛋或幼鸟的人，这种特殊的本能真是令人诧异。

一位善于观察的自然学家说过："只要有人出现在鸟巢附近，这种鸟就会悄无声息而又敏捷迅速地弓着背跑到较远处，然后大声尖叫着一跃而起，一副惊慌失措的样子，仿佛它飞起的地方就是鸟巢。雏鸟孵化出来后，也不会在成鸟扑腾翅膀嘶叫的地方，如果想找到它们，你得走到离那稍远一点的地方。一旦你真正走进幼鸟所在的区域，成鸟就会落在离你一百米左右的地方，注视着你的一举一动。要是你抓了其中一只幼鸟，雄

田凫

鸟和雌鸟会立马卸下所有伪装，在你的头顶盘旋嘶叫，仿佛要朝你的脸飞扑过来。"

当自己的幼鸟身处险境时，田凫的表现完全称得上勇敢。查理·圣约翰先生（Mr. CharlesSt. John）说，他常常见到乌鸦像指示犬一样在田凫周围觅食，在距离地面几码的地方低飞盘旋着寻找田凫鸟蛋。狡猾的乌鸦总是趁着田凫成鸟飞去海边时下手。然而，只要田凫对此有所察觉，它们就会联合起来把乌鸦赶走。据说，如果有食肉鸟在田凫哺育幼鸟的地方出没，田凫也会毫不犹豫地予以攻击。

田凫还喜欢吵嘴，如果离得太近，雄田凫之间还会发生打斗。一天，一只雄鸟攻击另一只受伤的雄鸟，只因那只雄鸟离它的地盘太近。这个好斗的小家伙向着入侵者直扑过去，趁着受伤雄鸟身体虚弱，它跳到对方身上猛啄受伤雄鸟的脑袋，像斗鸡一样凶悍地把受伤的对手在地上拖着走。圣约翰先生亲眼目睹了这一幕。

"我经常听到田凫的叫声，那声音十分特别。"威利说，"多半是在夜深的时候。田凫到底是以什么为食呢？我真想自己驯养一只小田凫呀。"

田凫以昆虫、蠕虫、蜗牛、鼻涕虫和各种昆虫的幼虫作为食物。我敢肯定，它们一定为农民伯伯做了不少好事，因为它们消灭了好多的害虫。

"呀，爸爸，"梅惊叫道，"快过来看，沟沿上的花丛多么漂亮呀，金灿灿的一片！"

是的，这的确是一丛美丽的花。它叫沼泽金盏，看上去像巨大的毛茛（又叫金凤花）。有时早在五月它就开花了，花期要持续三个月甚至更长时间。乡民们常叫它五月花，因为它是制作五月花环的花材之一，我敢说你们一定见到过这种花环挂在某家人的屋门上。有些人给这种艳丽植物取了我认为很难听的名字，比如马泡或水泡。

沼泽金盏

"坡岸僻静处的下面，马泡鼓起它金色的圆球。"我曾在哪本书上读到过，人们有时用腌制的沼泽金盏花苞代替刺山柑，不过，我可不想做这种尝试。

"这是什么？"梅问道，"水下有一片片明绿色的羽毛样的东西，非常漂亮，不过上面没有花。"

虽然现在还未开花，但一个月左右之后，你就会看到它开出

月见草

好多好多的花。从那一丛丛羽毛状的东西中段会长出一支长长的花茎，每隔一段时间就会开出一簇簇淡紫色的花，每一个花簇约有四到六朵花。它的英文名叫"水紫罗兰"——这并不是一个恰如其分的名字，因为这种植物跟紫罗兰属植物毫无关系，反倒是月见草（也叫报春花、樱草——译注）族的一员，所以正确的叫法应该是水月见草（即水龙——译注）。它的拉丁文名字是"Hottoniapalustris"，其中的"Hottonia"是为了纪念一位德国的植物学家——赫顿（Hotton）教授。威利会告诉我们"palustris"是"泥泞"的意思，指的是水月见草生长的地方。水月见草在这儿的沟渠和湿地里十分常见，等它开花的时候，我会留心让你看看它那漂亮的长茎。

就在我和梅谈论"水月见草"的时候，杰克发现了一只硫黄色的蝴蝶，他连忙奔向前去追蝴蝶，但他没有追上，因为鼹鼠刨起的土堆将他绊倒在地——美丽的硫黄色蝴蝶飞过一条宽渠，逃之夭夭了。

离杰克摔倒的地方不远，有一丛荆棘和许多不幸被杀的鼹鼠。有些鼹鼠才刚死没多久，于是我从荆棘丛中捡了三四只，打算带回家去检查它们的

鼹鼠

胃，看看它们都吃了些什么。与此同时，我们又在附近的堤岸上坐了下来，那儿长满了漂亮的月见草，散发出阵阵甜香。

威利想知道和鼹鼠有关的事，为什么人们大多认为杀死这些动物是天经地义的呢？还有它们真的看不见东西吗？梅当然忍不住给妈妈采月见草去了。两个男孩子都对动物更感兴趣，所以我回答了他们有关鼹鼠的问题。

我首先指出的是，鼹鼠脚上的力气让人称奇，皮毛柔软像丝绸一样，体型非常适合在它们挖的地下通道里快速行进。看，我指着手上的死鼹鼠说，在柔软皮毛上，每根细柔的毛发竖直生于皮肤表面，并朝周围散开；鼹鼠因此可以毫不费力地迅速前进或后退；如果我用手指拨开或用嘴巴吹开它眼睛周围的毛发，你们会看到两个小小的黑色眼睛，所以我们不能说鼹鼠是瞎子，只是由于它主要生活在地下，所以视力非常弱。鼹鼠的前足兼有铲子

和挖马铃薯的功能；它的嗅觉很敏锐，不用说，这对它寻找食物很有帮助；另外，它的听力也很好。

"噢，可是，爸爸，"杰克惊叫道，"鼹鼠没有耳朵，那它是怎么听声音的呢？"

鼹鼠确实没有外耳，可是你瞧，我吹开周边的毛发，现在你可以清楚地看到上面有一个小洞，而这正是通往内耳道的入口。许多动物的耳朵都有令人惊叹的构造，可以接收声音。不过，你们千万别想当然地认为没有外耳的动物——比如鼹鼠、海豹、鲸鱼等——就等同于没有耳朵没有听力。得等你们再长大一点儿，我再完整地解释给你们听这是怎么一回事儿。所有哺乳动物都有细小而形状奇异的耳骨，鼹鼠也不例外；我自己就曾经解剖过一只鼹鼠的耳骨，现在就放在家里的抽屉里。

过来了一个人，我想他是捉鼹鼠的，我们听听他是怎么说的吧。

"早上好呀，捉鼹鼠的先生，今天您下鼠夹子了吗？那边有一些可怜的家伙挂在荆棘上，我猜是您的杰作吧？"

"嗯，是的，先生，"他回答道，"我想应该是的。我猜，是我让它们玩完的。那是因为它们太讨厌了，我一直这么认为。"

"您认为这些鼹鼠都干了哪些坏事呢？"我问。

"坏事，先生？您为什么问这个问题呢？上帝保佑。看看它们堆的这些土堆，到处都是。我可以很肯定地告诉您，农民们肯定不喜欢这些难看的土堆。"

"有可能不会呢。如果把那些土堆弄平了，也许相当于给土地追了一次肥呢。您知道鼹鼠吃什么吗？"

"那个，我想它们会吃虫子吧。"

"没错，鼹鼠主要吃虫子，还吃线虫以及其他很多啃食农民庄稼的东西。我认为鼹鼠利大于害，我曾检查过许多鼹鼠的胃。我认为，杀死它们是不对的。"

鼹鼠打洞示意图

"先生，您这样的绅士居然还检查鼹鼠的胃，您没骗我吧？您或许是个聪明人，可鼹鼠肯定是有害的。"

说着，捕鼹鼠的老人向我们道了声早安就离开了。

"爸爸，"威利说，"鼹鼠常住在地下，它们把那里弄得很有意思吧？我好像在什么图上看到过。"

是的，你说的没错。不过，我只是从文字描写和图片中了解到一些。它们的堡垒筑在小山的下面，里面有好多相互连通的过道，每一条过道都能通到堡垒最中间的位置。你还记得去年有人带了一只小鼹鼠到我们家吧？我们当时把它放进一个盒子里，然后往里面装了许多蓬松的土和一些虫子。可没过多久，一天早上醒来我发现它死了。估计是因为吃的东西不够。鼹鼠的胃口很大，据一些自然学家的观察，鼹鼠甚至能吃掉一只鸟呢。

贝尔先生说："在一些特殊情况下，某些体弱的鼹鼠会不幸成为同类相残的受害者。也就是说，如果把两只鼹鼠装进同一个盒子里，不给它们充足的食物，那么较弱的那只鼹鼠就会成为较强鼹鼠的猎物。就算是纯种斗牛犬，也无法像鼹鼠那样将进攻对象牢牢控制住。杰克逊先生是一位很聪明的捕鼠人，他说自己小时候，一只鼹鼠曾牢牢抓住他的一只手，为了让鼹鼠松开他的手，杰克逊先生只好用牙去咬它。"

我们继续漫步。远远地我看到一百米外的斯特林河河岸上方有一只苍鹭。刚开始它并没有发现我们，可等我们走近一些时，它却飞了起来，脑袋缩向肩膀，两条长腿在后面伸展着。显然那只苍鹭正在捉鱼，因为我们看到岸边有鱼鳞。威利问我苍鹭是不是把巢筑在树上，而杰克想知道蹲在巢里的苍鹭怎么摆放它的长腿。

每到繁殖季节，苍鹭就会聚集到一起，在高高的冷杉或橡树上筑巢，有时它们也把巢筑在海边的岩石旁；据说，偶尔还能在地面见到苍鹭的巢呢。这只苍鹭的巢和秃鼻乌鸦的巢没什么两样，只是比乌鸦的巢大一些。巢是用木棍搭成的，垫着柔软毛料和粗糙的草。一只雌鸟卧在四五枚绿皮的苍鹭蛋上，它的长腿则藏在身体下面。

苍鹭与雏鸟

苍鹭孵卵期间，经常会有秃鼻乌鸦和寒鸦在它们的巢穴附近转悠，这些窃贼！你们知道吗，它们会偷吃苍鹭的蛋。幼雏孵化后，雌雄苍鹭都小心翼翼地照看着自己的孩子，捕食喂养它们。苍鹭除了吃鱼以外，还吃青蛙、鼹鼠、小鸭子和水姑丁。在苍鹭先生看来，鳗鱼可算得上一道美味。有时候，会看到被苍鹭尖利有力的长喙刺穿了脑袋的鳗鱼死死地缠住苍鹭的脖子，想让苍鹭窒息而死。很多年前，苍鹭受到法律保护，它们被视为皇家的猎物，人们把观看游隼捕捉苍鹭当成一项十分刺激的活动。

翠鸟

我们正沿着溪边走的时候，从旁边飞出来一对翠鸟，它们飞得又直又快。我们很清楚地听见这两只翠鸟发出的尖锐叫声。飞了大约二百米后，两只翠鸟在水边的横栏上停下。我们走近一些看看吧，我一边说着，一边向前走了段距离，然后坐下来，想瞧瞧它们接下来会做什么。

"爸爸，"梅说，"翠鸟是不是很漂亮的一种鸟？它是不是英国毛色最鲜亮的鸟儿呢？"

确实如此，翠鸟那斑斓多彩的羽毛总让人想起毛色鲜艳的热带鸟，英国的其他鸟儿都没有翠鸟这样美丽的羽毛。你们看见了吗？那儿，有一只鸟从横栏上一头扎进了水里，我敢说，它肯定是捉鱼去了。现在它又从水里飞回了横栏，透过袖珍望远镜，我可以看到它迅速仰起头狼吞虎咽地享受着美食。看到翠鸟像红隼一样在水面上盘旋，这并没什么好奇怪的，翠鸟会突然以最快的速度俯冲然后又迅速飞升，鱼儿躲闪不及，所以它总能给自己张罗一顿丰盛的鱼餐。

"您见过翠鸟窝吗，爸爸？"威利问我。

很多年前，我在岸边的一个洞里发现过一个翠鸟巢，巢里面有四个蛋。那个洞很深，我得把整只胳膊都伸进去才能够到。鸟巢里有一些沙子，里面还混着许多小鱼骨。翠鸟蛋很是漂亮，呈现一种娇艳的粉红色，翠鸟蛋壳很薄，蛋的形状差不多是正圆形。

"可是，"杰克问道，"鸟巢里的小鱼骨头是打哪儿来的呢？"

我想，我曾跟你们说过，许多鸟（隼、鹰、猫头鹰和伯劳鸟等）都能将食物中消化不了的东西吐出来。我们散步的时候稍加留意，便不难在地上发现这些东西。翠鸟也有这种本事，它能吐出自己消化不了的鱼骨。我记得几年前曾在大英博物馆看过一个翠鸟巢。到底是成鸟随便把鱼骨吐在自己的巢中，还是说它的巢就是鱼骨筑成的呢？这个问题曾引发了一些讨论。杰出的鸟类学家、伟大的制图师戈尔德先生为保护大英博物馆的鸟巢付出了很多心血——某天如果你们去伊顿的图书馆，将在那儿看到他的画作。

如果我记得没错的话，那个翠鸟巢标本看起来是平的，半

017

英寸厚的样子。据说翠鸟会选择将巢筑在有向上坡度的洞里，这样一来，即便暴雨让水位涨到洞口的高度，洞里的鸟蛋仍能保持干燥。一些自然学家说，翠鸟自己并不打洞，它们是占用其他动物打好的现成洞穴。而戈尔德先生认为翠鸟是自己打洞。就像我说过的，洞里的通道是向上倾斜的，通道深处有个烤炉状的小室，那里就是鸟巢的所在。戈尔德先生认为翠鸟真正的鸟巢是用鱼骨做成的，翠鸟这样做的目的是为了将鸟巢与潮湿的地面隔开。不过，在这个问题上大家说法不一。今年夏天我

们可以去找找翠鸟的巢。至于现在，梅，你手里拿的是什么植物？

"我也不知道，不过我觉得它很特别。我是在河岸底下围着树篱的地方采来的。"

五福花

啊，这种花我经常见到。它叫五福花，是一种很讨人喜爱的花。你瞧，它高十三厘米左右，花和叶子呈现淡淡的绿色；五朵花形成一簇，外面四朵花将中间一朵围绕。五福花的香味和麝香的香味有些像，闻起来很舒服，让

人觉得分外怡神。我们采一些五福花回家吧，和月见草插到一起。你知道的，妈妈好喜欢这种小小的五福花。

"呀，爸爸，"威利惊叫了一声，"你看沟底，有个东西在那儿缓慢爬动，那是什么呢？"

我看看。那是水蝎子，在湿地的排水沟里很常见——一点不假，随处可见。我们捉几只带回家仔细观察吧。水蝎子是一种外形奇特的生物，它的脑袋很小，吻部突出，前臂和龙虾的螯有点像。主要是黑褐色，跟身体下面泥土的颜色是一样的。水蝎子有着扁平的身体，身体末端有长长的棍状突起。在水蝎子那坚硬的外壳下，我们可以看到它的两只翅膀。

019

水蝎子算得上水中杀手，它那尖尖的嘴很容易就能插进其他生物的身体，用和龙虾相似的前螯抱住自己的猎物——噢，那可真是来自死神的拥抱——同时将拼命挣扎的猎物的体液吸出。克比和斯宾斯曾说过，水蝎子一族的昆虫都很野蛮，它们似乎喜欢滥杀无辜，为所欲为。有人曾经把一只水蝎子放进一个装

水蝎子

有蝌蚪的水盆中，那只水蝎子弄死了蝌蚪，却丝毫没有要吃掉它们的意思。

　　水蝎子的尾部你们一定觉得很奇怪，它尾部的突起是用来呼吸的，突起露出水面，将空气输送到身体末端的气门。下次我一定多讲讲水蝎子的事。我常常看到水蝎子的卵，椭圆形，卵的一端有七个长长细细的头发丝一样的突起。不过，我们也该回去了，让我们期待下一个假日和下一次乡村漫步吧。

四月漫步（下）

　　今天，我们要沿着运河岸的这边一直走到水渠那儿，然后上公爵大道，再穿过拉卜斯特里公园回家。漫步途中，我们肯定会遇上许多让人赞叹的东西。

　　在那清澈见底的运河中，我们见到许多美丽的绿色胶状球，你们知道，每个春天都能见到这些球。这些球大小不一，有的只有豌豆粒大小，有的却有杰克的拳头那么大。你们看，它们往往粘附在一些水草上，球里有无数极其微小的微生物，叫做纤毛虫，藏在发白的胶状物块里面。

　　这些小家伙能从胶状物中脱离，自由游动；当然，你得用到显微镜才能看清这些细小的绿色微生物。如果把它们放到高倍显微镜下，我们能看到，纤毛虫的身体充分伸展的时候是长柱形的。

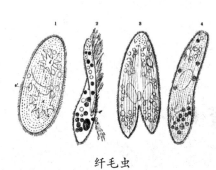

纤毛虫

它的嘴巴位于身体的一端，周围有很多纤细的毛，纤毛虫通常都是这样的。这些细毛也叫做纤毛，纤毛这个词源自拉丁文"cilium"，意思是"眼睫毛"。嘴巴连向一条狭小通道，也就是这种生物的咽喉，一直通到胃。纤毛虫的身体越往后越细，最末端是极细的发丝状的长尾巴，它的尾巴固定在球形胶状物里。

如果这种小生物更愿意在水里自由游动，它就会丢下尾巴，这方面，它可和小波比的羊不一样(英国童谣《小羊离开小波比》："小羊离开小波比，不知跑到哪里去；别心急，随它去，等到它们玩够了，摇着尾巴回家里。"——译注)。这些球形胶状物曾被当作是植物王国的成员，可是，毫无疑问它们属于动物一国。

"噢，爸爸，那只从运河这头飞向树篱那边的黑脑袋鸟是什么鸟？"威利说道，"就在那儿，你看到了吗？"

是的，我看到了，我的孩子。那是黑头莺，也叫苇莺，经常出现在河边、运河边和池塘边。树篱上的那只是雄鸟，黑头莺的雌鸟个头要小一些，并且脑袋不是黑的。瞧它深黑色的脑袋和颈部的白色羽毛形成多么美丽的对比呀。春夏两季，你或许能常常看见这种鸟成双入对，可入冬后，它们就会和族里的其他鸟儿待在一起，组成一个庞大的鸟群。黑头莺常常将巢筑在莎草和粗草丛中的地上，它们在五月下蛋，通常一次下四到五枚蛋。另外，我想它们七月份时会再下一窝。

苇莺

　　苇莺的巢很难找到，至少我没成功找到过几次。你们已经知道狡猾的田凫是怎么把人从它的巢和幼鸟旁边引开的。唔，一些观察家说苇莺也会这样做。一位作家写道："去年的春天，漫步在河边的灯心草中，我被眼前的情景深深吸引。一只黑头莺在灯心草丛中跌跌撞撞地拖着身子在地上走，似乎是折了一条腿或一只翅膀。为了看个究竟，我跟在它身后走了相当长的一段路，突然间它振翅而飞，一定是高高兴兴地回到它成功使计保住的幼鸟身边了。"

　　"哈哈，"杰克打断了我，"那位先生被骗得团团转。"

　　没有，并不完全是这样。因为他后面说还是发现了那个鸟巢，里面有五只小苇莺。还有一件事我必须得提请你们注意，千万别把苇莺和芦鸦搞混了。芦鸦是另一种鸟，说不定今天散步的时候可以见到。

这会儿，我们又往运河里看去，看到水面上有好多小豉甲正在玩旋转木马呢。它们在水面上滑行，是那么轻巧那么迅疾，一点不假！有的潜入水中，有的则伏在一片漂浮在水面的叶子上。如果我们用网捕捞一只上来，然后仔细观察，就会发现它的外形活像一艘微型船。

令人惊讶不已的是，这种被叫做"豉甲""旋转的假发"和"亮闪闪"的小家伙，会一个紧挨一个地像木马一样地旋转，但它们

豉甲

却从来不会发生碰撞。即使在旁边长久地观察，也不会见到一艘"活船"撞翻另一艘"活船"的情形。想象一下几百名滑冰手在一小片冰面上一起敲鼓的情景，哦，他们怎会不常常撞倒别人呢？

现在，我们再来看看豉甲先生的眼睛。你们看，它的眼睛中间有一条分界线，分成上下两部分，上

面的部分仰望天空，下面的部分俯视水中。现在我们大家都不要动——瞧，豉甲也停住不动了。现在我们动一下——瞧，它们看见了我们的动作，

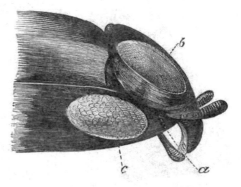

放大的豉甲头　a.嘴　b&c.眼睛

于是旋转木马又开始旋转了。它们就是通过上面的眼睛看到我们的，而如果有一条狡猾的鱼从水下对一只豉甲发起进攻，也将逃不过它下面的法眼从而躲避攻击。

喂，你捉到什么了？杰克，甭管是什么，快把它捞出来。

哦，原来是只淡水蚌，也是一种不错的标本。从这儿到纽波特的运河水道中有许许多多这样的蚌。

"它们好不好吃，爸爸？"威利问道。

我从来没试过，但我常常解剖它们的标本，我得说这些蚌可是跟靴子底一样硬呀，我还从没听说有人会吃它们。这些软体动物把自己许多的卵放在身体的褶皱里。小蚌从母体脱离的时候，是一种带着三角形壳的奇怪的小家伙，而且相当奇怪的是，它们

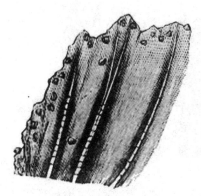

寄生在鱼鳍上的小河蚌

会吸附在鱼鳍或鱼尾上一段时间，反正每次得附着一段时间，至于多久我就不得而知了。

我们通常将这种特殊的软体动物叫做河蚌。每年四五月间河蚌苗被放入水中。河水和溪流中还有一种淡水蚌叫做珍珠蚌，从它们的蚌壳里不时能发现珍珠呢。曾有一位少年送了我一颗珍珠，那是从马恩岛的一条河中找到的。我把这颗珍珠带到了利物浦，珠宝商给的估价是一个几尼（英国的旧金币——译注）。后来我把这颗珍珠送给了你们的叔叔亚瑟，亚瑟叔叔把这颗珍珠镶进黄金中做成一枚别针。

"我希望，"格外专注地听着这段故事的梅说，"珍珠蚌能生活

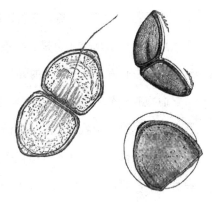

高倍放大后的河蚌

在这运河里，那样我们就可以从它们身上取珍珠了，多好啊。"

其实能找出珍珠的蚌非常少。或许得撬开成百上千个蚌壳才能找得到一颗珍珠，

河蚌

我可不愿意为了一颗珍珠就夺去这么多无害小生物的生命。

027

"这儿又有一只河蚌，爸爸快看，"杰克嚷道，"上面还粘着些别的贝类呢。"

我看到了，蚌壳上粘着的是小斑马蚌，奇特而漂亮。小斑马蚌红褐色的壳上有许多斑马线一样的花纹，非常漂亮，年幼斑马蚌的壳尤其好看。相比前面缀着的大动物"斑马"相比，"蚌"这个字对于这种软体动物更恰如其分。与你们在新布莱

斑马蚌　a.足丝

顿经常见到的盐水贻蚌一样，斑马蚌也具有吸附能力。你们瞧，这就是通常说的足丝，就是这种东西，因为它，斑马蚌才能吸附在贝壳、石头、根须和其他物体上。

"好多小鸟啊！"梅惊叹道。

在这些飞翔着的漂亮小鸟中间，有一只是长尾山雀。虽然它很常见，可不知道为什么，每次在树篱上和公爵道的白杨树上见到它们，我都不由会多看两眼。大不列颠生活着许多山雀家族的成员，我们来数数有几种吧。首先是大山雀，然后是小蓝山雀、长尾山雀、煤山雀、沼泽山雀、凤头山雀和文须雀。我们数出了几种呢？七种。不过，凤头山雀非常罕见，而文须雀在什罗普是看不到的。其他五种就很常见了，我敢说我们今天一定能见到几只。

长尾山雀因其长长的尾羽而得名，是一种十分活泼好动的小鸟。的确，活泼好动是整个山雀家族的特点。你们看看那些小家伙从一个枝头飞到另一个枝头，从不在哪个地方多做停留就知道了。长尾山雀体型娇小，也许可以算的上英国最小的鸟。当然，我指的是主躯干部分，没算它的尾巴。长尾山雀的皮肤嫩得出奇，而且薄如蝉翼。与其他山雀一样，它们也以昆虫及其幼虫为食。印象中我没见到过也没听说过它们用喙轻敲树皮，大山雀和蓝山雀倒是常常这么干。不过，指不定长尾山雀也这样子做呢。

"它们为什么要轻敲树皮呢？"梅问道。

我猜山雀是想把躲在树皮下的昆虫从藏身处吓出来，那样它们就可以用尖尖的喙迅速叼住那些小昆虫，然后美美地饱餐一顿。

"爸爸，它就是附近的人常说的长尾山雀吧？据说它做的窝很好看。"威利问道。

是的，长尾山雀的窝非常漂亮，我想你们绝不可能将它跟其他鸟做的窝弄混。鸟巢外面一层白色的地衣，随处可见但又漂亮动人的那种地衣，另外还有苔藓。梅，如果你把手指伸进去，会

029

长尾山雀

博物学家与孩子们的乡间漫步

知道它的巢里还摊满了软软的羽毛，你可能会觉得它就像你的暖手套一样舒服。鸟巢是椭圆形的，边上有个孔。我觉得有时应该有两个，但我现在还没见过哪个窝上有两个孔。长尾山雀的蛋很小，白色的壳上有少许淡紫色的斑点。一个窝里能发现整整一打鸟蛋，有时甚至更多。

刚刚打小路上空飞过的小蓝山雀，是一种漂亮而活泼的鸟儿。小路上、树林里和花园中，随处都可以见到它们的美丽身影。小蓝山雀在墙或树洞中筑巢，巢中一般有九或十枚好看的带小斑点的蛋。

蓝山雀

我常常想起自己小时候，有一回把手伸进一个蓝山雀鸟窝，却被这种小鸟狠狠地啄了一下。我现在仿佛还听得见，当一只粗鲁的手侵入蓝山雀窝中时，它发出的蛇吐信子般的嘶嘶声。蓝山雀捕食各种昆虫及其幼虫，而树皮和果树花苞是它们捕食的好去处。园丁和其他一些人说蓝山雀会伤着花苞，所以要捕杀它们，但是，我认为它们其实帮着消灭了许多害虫，做了不少好事呢。

瞧瞧那个雀跃的小家伙，可真是一刻都不得消停。你们看它落到那边树枝上时多么兴致盎然呀！哈，你们听它轻敲树干的声音多么清脆。除了昆虫以外，蓝山雀对于死老鼠或死鼹鼠也是来者不拒。圣约翰先生跟我们讲过，曾经有一只蓝山雀住进了他家客厅，那只蓝山雀最初是被窗子上趴着的苍蝇吸引过来的。"蓝山雀最热衷于搜寻这些小虫子了，它用那小小的鸟喙插进屋子的每个缝隙和角落，搜捕每一只从女仆的蝇刷下逃生的苍蝇。"很快，蓝山雀越发胆大了，它开始落到桌面上啄食孩子们给它的面包屑，抬头看圣约翰先生的脸时，它也丝毫不再有惧意。男孩子们有时把小蓝山雀叫做"咬人的比利"，显然是因为领教过蓝山雀先生嘴巴的厉害。

至于大山雀，我们几乎随时都能在花园的紫杉树上瞧见它的身影，它也常在咱们家附近出没。我敢说，如果今天散步时留心些，我们一定能见到几只大山雀的。

"哦，爸爸，"威利惊叫着，"六码开外的运河纤道（过去人们行舟背纤的通道——译注）上有一些鸟，它们好像在用嘴巴敲地，像要把什么东西弄碎似的，你们看。"

那是画眉鸟。我现在就可以告诉你们，它们此刻正在做什么，还知道过去后会见到几个破蜗牛壳（螺旋形的）。画眉把在

031

画眉鸟

运河岸边的草坡上找到的那些蜗牛带到小路上，目的是要在硬地上或石头上把壳磕破，以便吃到壳里的蜗牛。

瞧那儿！我说的没错吧，你们至少能瞧见十多个磕碎了的蜗牛壳。我相信，画眉吃了许多蜗牛和无壳的幼虫，做了不少好事。可惜，它们的"辛勤劳动"没得到多少赞赏。而且，村里的孩子和从煤矿来的大人总在找画眉鸟的窝，掏走里面的鸟蛋或小画眉。还有其他好多对人类有益的鸟，也总是被滥捕滥杀。

现在我们上了公爵大道，我看见有一只大山雀落在一棵白杨树的枝头上。瞧瞧它，它是山雀家族的国王，似乎它自己也明了这一点。和其他山雀一样，这也是个好动的家伙。

你们看，它有着黑黑的脑袋和胸脯，白白的面颊和绿绿的背。一会儿用其中一只弯钩形的爪子将自己悬挂在白杨枝条上，一会儿又用双爪紧握树枝。瞧它那个忙乎劲，来来回回地在树皮和树叶上寻找昆虫。

不过，大山雀有时可是个大暴君呢。它会用自己又尖又短的直喙对付同样身披羽毛的同伴，不停地啄击同伴的脑袋，啄得同伴头颅开了花，然后啄食里面的脑浆。沼泽山雀和煤山雀在这一带也很常见，我们散步时常常可以发现它们的踪影。

大山雀

如果威利带着虫网翻过树篱去池塘的水草丛中捞一捞的话，我敢说他一定能逮到一些水生昆虫，然后装进瓶子里带给我。毋庸置疑，男孩们都很喜欢把网浸到水里的这个主意——这样的娱乐带给他们无穷乐趣，而他们的衣服通常也不是一般的脏。对于自然学家来说，长着水草的池塘可是个好地方，因为他们能从那儿找到各种美丽而奇特的生物。

在浮萍和水毛茛丛中用水网捞一捞，总会有不少收获。威利的瓶子很快就装满了各种活蹦乱跳的小家伙，我们来瞧瞧里面都有些什么：里面最显眼的是一只大甲虫，它一会儿快速往水上蹿，一会儿又沉入水底，大甲虫腿部有力而迅速的游动吓得小水蚤和其他小动物四散逃窜。这是一只大水甲，让我们坐到路旁的白杨树下，取出这只大水甲来仔细观察观察吧。抓的时候一定要当心别被它咬到手指，因为它有着相当尖锐有力的颌。

龙虱先生（Dyticus）——大家都喜欢这么叫它——Dyticus取自希腊词，意思是"喜欢潜水"。龙虱是最贪吃的水生昆虫之一，不过，我们还是先来察看察看它的外形特征。你们看，这种甲虫的外形和水上生活相得益彰。瞧，那对桨形的脚边缘围着宽宽的一圈细毛，这么适合它们在水中的游动呀。它的鞘翅光滑且闪着光亮，找不出一丝褶皱。从这一点我能推断出这是一只雄龙虱，因为雌龙虱的鞘翅上有褶皱。

龙虱

龙虱前足的构造很特别。你们仔细观察，龙虱的腹部像个大圆盾，腹部被吸盘覆盖，其中有两三个吸盘比其他的都大。靠着这种吸盘，龙虱可以牢牢吸附在任何它想吸附的东西上。龙虱的翅膀大而结实，与甲虫家族的其他成员一样，它的翅膀也位于角状的鞘翅下。我要把这一小截棍子伸到它嘴边，杰克，注意看它结实的颌，跟你说，龙虱对此可是非常擅长的。如果威利把一只这样的甲虫放进他的鱼缸，让甲虫和他最心爱的刺鱼在一起的话，可能很快威利就得为损失的刺鱼而哀悼了。

一旦某条倒霉的鱼或某只不幸的蝾螈落在这位淡水暴君的口中，它们也就在劫难逃了。我曾见过龙虱先生扑在一只成年蝾螈身上，不管受害的蝾螈怎么扭动摇摆，始终无法挣脱龙虱的致命拥抱。龙虱还会攻击小金鱼，弗兰克·巴克兰德先生曾经跟我们讲过，这种水甲虫是如何将一条幼年大马哈鱼撕碎的，这一切就发生在爱尔兰的一个池塘里，而弗兰克先生亲眼目睹了这一切。

你们看到了，龙虱的前足很结实，可是并不大。龙虱拿前足当爪子，用它抓取猎物，并将猎物送到口中。你们很容易想象龙虱先生轻而易举地吞食一条鲜嫩的小鱼；但是，你们也许不知道，龙虱还会攻击和自己一样大甚至比自己还大的甲虫。它会抓住那些甲虫的头腹结合处，那是甲虫唯一柔软的部位。对昆虫做了大量观察的自然学家博美斯特

035

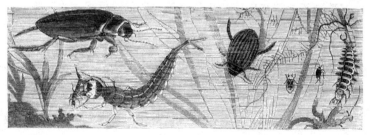

龙虱

博士告诉我们，他曾经养过一只和大水甲（即龙虱）有亲戚关系的甲虫，就看到那只甲虫在四十个小时内吃下了两只青蛙。

龙虱通常在水中产卵，产完卵后，幼虫的孵化大约需要两个星期。经过一段时间——我不知道具体要多久——这些幼虫长到大约两英寸那么长。这些古怪的家伙样子可怖，而且非常贪吃。现在，把你的网借给我吧，威利。我敢说我们很快就能捞到一只龙虱。我们看看这里都有什么。呀，池塘里到处都是一群群的水蚤！

噢，这儿有个宝贝！一段会动的长玻璃线——这会是什么呢？我们要把它单独装进一个瓶里，回头我再给你们讲讲这段长玻璃线的事情。捞网上有窸窸窣窣的动静，可还是没有水甲虫的幼虫。不要紧，童谣书是怎么说来着？

"如果一次不行，试，试，再试一次。"

重温了这首特别棒的小诗之后，我们"再试一次"吧。而现在我们得到的回报是———只龙虱的幼虫落网了——这个有着长长身躯的小东西，某些方面会让人联想到虾。哦，看它的颌部，张开得可真够大呀！你们瞧它身体的最后一节，那儿长着一对长长的尾巴，它就是靠着这对尾巴在水面上悬浮的。我常常用容器装水养这种幼虫，并留意观察它们的食肉习性。这

些幼虫以其他水生
昆虫的幼虫为食，
由于没有成虫那样
强有力的颌部和身
体，它们无法对鱼
造成什么伤害。等
到幼虫快要变成蛹
时，它会在池塘岸
旁挖一个圆圆的

大水甲、幼虫和蛹

037

洞，然后住到洞里面。在接下来的三周左右的时间里，幼虫在洞中经历蜕变，长成成虫。

"爸爸，"威利说，"我常常抓到一些甲虫，很像大水甲，只是没那么大。那些又是什么呢？"

它们和大水甲是同族，据我所知，它们没有英文名。来，我们在池塘边玩得也够久了，还是继续往前走吧。

"好吧，可是，爸爸，"梅说，"你还没告诉我们，那个单独放在瓶子里的蠕虫一样的长长的小生物是什么呢。我们还是再瞧瞧它吧。哦，这可真是个奇特的生物。为什么它看起来像玻璃一样透明呢？为什么一会儿浑身抽动，一会儿又一动不动呢？它到底是

短嘴蚊的幼虫

什么？"

"根据它蠕动和抽搐的样子，"威利说，"我觉得，它一定是某种蚊子的幼虫。"

又答对了，我的孩子。它是被自然学家叫做短嘴蚊的那种蚊子的幼虫。你们瞧，它的身体分为十一节，脑袋的形状也很奇怪，嘴巴附近是两只弯钩形的胳膊。胳膊从前额那儿突出来，一直弯到嘴巴前面。短嘴蚊的幼虫用这个武器抓住猎物，把它压到嘴巴下面的两排尖钉上，在被这种"刑具"折磨得伤痕累累筋疲力尽之后，猎物只好束手待毙。

"可那是什么，身体上那四个黑黑的东西又是什么呢？"杰克问道，"它们样子很奇怪。一对在脑袋附近，另一对在它的尾巴附近。"

那是气囊，与幼虫的呼吸有关。有人认为它们的作用跟某些鱼的鳔一样，气囊的收缩和膨胀能让它在水中保持静止或上下升降。

　　过了一阵子，这些幼虫会变成蛹。蛹可以几天不进食，然后就变成了蚊子。

　　我们继续往前走，走到一条两边都是种植园的路上。这时，一只活蹦乱跳的小家伙横穿过道路，我们马上就认出那是只臭鼬。

　　嘘，不要动，别出声，我们肯定能有机会观察它一会儿。你们瞧瞧，这个小家伙奔跑的动作多么敏捷呀。它一会停下来仰起头，似乎在倾听什么，一会又甩甩头继续往前走。显然，它正在猎食，很可能是在追踪一只小兔子、老鼠或田鼠的气味。啊！它在树篱附近的草丛里逮到了什么东西。它嘴里咬着的是什么？我觉得应该是只小老鼠。它那灵活的身子整个扑了上去，张嘴就咬了猎物一口。现在，杰克，快跑过去抓住它。啊，它像子弹一样跑得飞快，你们千万别想抓到它。

臭鼬

　　我常常在散步的时候看到这种小动物，也总会停下来看看它们不寻常的举动。臭鼬有时会爬到树上去，把巢中可怜的鸟儿吓个半死。它们喜欢鸟蛋，新

039

生雏鸟也是它们的美味佳肴。臭鼬也吃鼹鼠，有时还会被捕鼠夹夹到。一位出色的观察者提到过很多年前的一件事，当时两只臭鼬被同一个捕鼠夹夹住了。它们原本是在追鼹鼠，两只臭鼬迎向而奔，"非常巧合的是，它俩同时触动了捕鼠夹"。

臭鼬常常被归到有害动物那一类，所以一旦被抓住就必死

无疑，但我认为杀死它们是个错误。没错，臭鼬有时会捉小家兔或野兔，也许还会吸食家禽的蛋液，可是它们最常吃的还是田鼠、鼹鼠、家鼠和小鸟这些小动物。我们应该将它们引到麦垛或别的谷物垛中去，因为它们能在那儿找到老鼠或鼹鼠。

一位朋友告诉我，威尔士某些地方的农民还把臭鼬当作朋友呢，因为他们考虑到臭鼬能帮着他们消灭老鼠和鼹鼠。科文附近的一位绅士在一块地里杀死了一只臭鼬，他以为那块地的主人会感谢他，但大大出乎他意料之外的是，农夫丝毫不感激他。我认为在这一点上，威尔士的农民可要比英格兰的农民明智。

有时候，老鹰也会猎食臭鼬。贝尔先生讲过一个故事。一位

正在自己地里骑马的绅士，有次看到一只鹰朝地上的某个东西猛扑下来，然后用利爪抓着它飞离了地面。"没一会儿，这只鹰显得十分不安，它一会儿向上疾飞，一会儿又迅速坠落，或在天空中不规则地盘旋打转，显然是想用鹰爪摆脱什么让自己难受的东西。"虽然时间没过去多久，但搏斗却很激烈，突然这只鹰从空中掉了下来。老鹰掉下来的地方离一旁看着的绅士不远，绅士快骑几步过去，"一只臭鼬突然跳起来跑了。"臭鼬在这趟空中旅行中毫发未伤，那只鹰却一命呜呼了，因为臭鼬竟然在老鹰的翅膀下面咬了个洞。

　　臭鼬在岸边或在石墙的空隙里做窝。它们通常一次生三四只幼崽。我记得若干年前，曾见过一个臭鼬妈妈带着三只小臭鼬在岸边嬉戏，那个情景实在太有趣了。臭鼬的个头比白鼬的小很多，你可以从尾巴的颜色很容易认出臭鼬，因为它的整条尾巴都红通通的，而白鼬的尾巴尖是黑的。不过，时间已经不早了，我们也得赶紧回家啦。

五月漫步（上）

今天我们要去寻找刺鱼的窝。风和日丽的天气，我想找到几条刺鱼应该没什么问题。找刺鱼窝一定要选风小的日子，因为要想找到那种小鱼的窝，需要你有很尖的眼睛，而且必须近距离看。你们知道的，风如果太大水面就会有涟漪波纹，这样就不容易看清水下的东西。我们出发吧，带上鱼饵罐、网兜和两三个广口瓶。杰维斯先生地里有一个小而清澈的浅水塘，我们就去那儿吧，看能不能带几条鱼和一些鱼卵回家。

"一定很好玩，"威利说，"抓到小鱼后，我们要把它们带回家，统统放进我的鱼缸。"

我们这儿总共发现过三种刺鱼，有三刺的、十刺的和十五刺

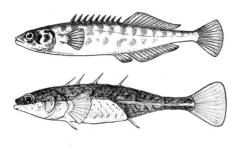

刺鱼

的，其中十五刺的刺鱼生活在盐水中。三种刺鱼都会筑窝，并且很注意照看自己的小鱼。虽然三刺刺鱼最为人所知，但我敢说，如果我们仔细在水沟里搜寻，一定能找到十刺刺鱼的窝，或者说小鲭鱼，有些人就是这么称呼十刺刺鱼的。

043

　　我们来到了池塘边。池塘里的水是多么清澈啊，还有水中的那几片绿色水马齿可真美呀。草地是干的，我们可以全都坐下来，这样才能最近距离观察它们。梅，别去管那几只爬来爬去的小蚂蚁，就算被它们咬一口，也不会有多少感觉的。

　　啊，你们看到那个胸部深红眼睛像翡翠一样绿的家伙了吗？它发现我们了，你们瞧它心神不宁的样子，嗖的一声就溜走了，它现在躲在水草下面，可很快又返了回来。它的窝肯定就在那附近，我现在要把手杖插入它旁边的水域。哈，实际上，这个勇敢的小家伙一点都不害怕：瞧，它用鼻子碰了碰手杖，很生气的样子。它是担心自己的窝面临危险，所以才会变得这么大胆。现在，我已经弄清楚鱼窝的位置了，就在它的身体下面一点。你们看到水底淤泥中的那几个小洞了吗？没有，你们什么都看不到？那么，把手杖递给我吧，我来指给你们看。现在明白我的意思了吧？是的，你们明白了。很好。

"我们把鱼窝从水里弄上来吧。"杰克说。

耐心点，我们看看这条鱼现在在做什么。它正游浮在窝的正上方，忙着摆动自己小小的鳍。

"它为什么要这样做？"威利问道。

鱼鳍的迅速摆动，能给它的鱼卵或小鱼（或许会有）带来新鲜的水流。啊，你们看到了吗？另一条鱼靠上来了。我们这位勇敢的"士兵"蛮横地拦住了它，这个入侵者撤退得也真够快的！

我认为那条入侵的鱼很长一阵子都不敢再靠得这么近了，因为咱们这位"士兵"腹部的尖刺就像两把刺刀，能造成敌人重伤。我们暂时不管这个鱼窝，再找找看，也许还能再找到几个。既然已经找着了一个窝，再找其他的就更容易了。果不其然，威利很快又找到了一个。

"快看，"他说，"窝附近有好多很小很小的东西。"

是的，你说的没错，那儿又有一个窝。窝里的鱼卵已经孵化了，那是一些小鱼。刺鱼爸爸很为自己的大家庭骄傲呢，无论什么敌人胆敢来犯，刺鱼爸爸都时刻准备着为自己的家庭而战。你们一定知道，刺鱼和许多其他的鱼一样，不介意吃自己邻居的游鱼。如果一个鱼家庭的家长——通常雄鱼是唯一保护者——被除掉的话，其他饥饿的刺鱼就会蜂拥而至，摧毁这个幸福的小家庭。

"小刺鱼爱吵架吗？"威利问道。

是的，它们很爱打架，而且胆子很大，不管自己个头多小，也从来不会畏惧任何对手。我曾在鱼缸里养了一条长约十英寸的狗鱼，然后又往鱼缸里放了五六条刺鱼。我猜狗鱼不太喜欢刺鱼的样子或是它身上的刺，因为它不吃这些鱼。

有一次我看到狗鱼尝试着咬了一条刺鱼，可等到刺鱼战士进到它的嘴里，它不但没有享用美味，还立即把它吐了出来。我还猜，是因为刺鱼的"刺辣酱"太厉害了。刺鱼是鱼缸里真正的主人，它们残忍地折磨这位狗鱼先生。先是一条刺鱼咬了狗鱼的尾巴一口，接着另一条刺鱼又扑了上去，到最后狗鱼的尾巴被咬得惨不忍睹。所以，我把狗鱼放进了一个水池里，我敢肯定它一定花了好长时间才让尾巴复原的。

"还有别的鱼像三刺刺鱼这样吗？"威利问道，"做窝，还照料自己的孩子。"

是的，还有几种鱼会这样做，但我觉得，英国其他的淡水鱼

吸盘圆鳍鱼

并不会这样。有一种叫吸盘圆鳍鱼的咸水鱼，长相奇怪，颜色鲜艳——你们知道我书房里有那种鱼腌制的标本——这种鱼出生不久后就会把自己固定在爸爸的背上或身体一侧，这样，鱼爸爸就能带着它们游到更深更安全的避难处。还有一种身体长长的尖嘴鱼，雄尖嘴鱼的尾巴上有个小袋子，雌鱼的卵就放在这个袋子里并慢慢成熟孵化。小尖嘴鱼不时会离开这个奇怪的居所，在外面游一阵儿后又返回鱼爸爸的袋子里，这让我们联想到哺乳动物中的袋鼠和负鼠。另外，在德梅拉拉河也生活着一种会做窝并对小鱼有着深厚感情的鱼，我敢说，一定还有其他几种鱼会这样做。

"呀，爸爸，快看这儿，我掀开这块平板瓦，就在水里看到一个水蛭样的东西。当我把平板瓦完全拿起时，还看到了好多它的卵；它卧在这些卵上，就像孵蛋的母鸡卧在蛋上一样。"

好吧，杰克，让我瞧瞧。我敢说这是一只蜗牛水蛭。是的，绝对没错。这些就是蜗牛水蛭用身体小心翼翼掩盖着的卵，它会一直卧在这些卵上面，直到小水蛭成形。一窝小水蛭有时有一百五十个，甚至更多。它们吸附在母水蛭的体表，母水蛭去到哪儿，就会把它带到哪儿。

　　这个有意思的家族有很多不同种类的水蛭，但它们都生活在淡水中。有的会孵卵，有的就卧在卵的上面，其他的则通过收缩身体在两侧形成一个凹洞，然后把卵放在凹洞里。蜗牛水蛭都有管状的吸管，靠着这些吸管，它们可以吸出田螺或其他生物的体液。这些蜗牛水蛭和普通的马蛭以及药用水蛭的移动方式没什么两样——先把头部固定在水中某种物体的表面，然后，把身体后半段拖过去，接着它们伸展头部，再把头部固定在另一个地方，然后再次拖动身体另一端。不过，水蛭——一般都是这么叫的——血是红色的；而蜗牛水蛭的血是无色的。

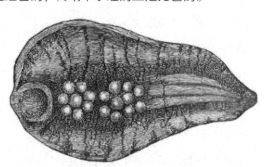

蜗牛水蛭

"英国的水塘里能找到那种可以给生病的人放血的水蛭吗？"威利问道。

我想现在应该很难碰到那种水蛭。英国的绝大部分医用水蛭都是从西班牙、匈牙利、法国南部和阿尔及利亚进口的，每年都要买进千百万条。然而，药用水蛭过去在英格兰北部的湖中或水塘中很是常见，诗人华兹华斯曾用文字给我们讲述一个捉水蛭的人，捉水蛭的人为水蛭的减少这样哀叹：

水蛭

> 他微笑着，一遍遍倾诉
>
> 四处奔波，只为采这水蛭
>
> 他轻晃双足，在水塘里
>
> 因为它们在那里栖息
>
> 曾经，每只脚都能遇到水蛭
>
> 而今它们慢慢退化变小，可是
>
> 我依然坚毅地寻觅着它们的踪迹。

（注：华兹华斯的这首《坚毅与自立》收入《华兹华斯诗选》

中，可参考其译文）

　　这首十四行诗写于 1807 年，如果我们考虑下曾有多少水蛭用于医疗，以及这个国家对于水蛭文化的完全忽略，我们就不会再纳闷为什么本土水蛭已非常稀少。据说仅伦敦的四大进口商每年就要进口七百万条水蛭。1846 年，法国对水蛭的年需求是两千万到三千万条，仅巴黎一地，每年就需要三百万条水蛭。

　　"爸爸，我会很难过的，"杰克说，"如果我像你刚刚所引诗句里的老人一样到处奔波，光腿浸在水中，把自己当作水蛭的诱饵。啊，就算想想我都觉得可怕，它们一定从老人的腿上吸了很多血。"

　　习惯成自然。当你想到许多人的生命全仰仗着他们采的水蛭，你就不奇怪他们为什么不怕被水蛭咬。我认为，除了拔下水蛭后留下的咬伤会出血外，他们并不会流失太多血；因为采水蛭的人肯定会迅速抓起水蛭，把它们放到采集箱中。另外，热敷会让血流不止，但水池里的冷水能让这个老人腿上的血快速凝住。

　　我们应当感谢世界上有水蛭这种动物的存在，因为它为人类作出了巨大的贡献。大概是四十五年前，我想，正是出于对水蛭医用价值的欣赏，法国的女士们才会对水蛭怀有特殊的好感。很多人都记得交趾热（在英国历史上，交趾家禽曾成为风靡一时的

049

水蛭

宠物——译注）和海葵热。可是，梅，年轻女孩子会怎么评价1824年法国人对水蛭的狂热呢？交趾家禽和海葵最为狂热的欣赏者，也不会想到要把自己的衣服做成自

己宠物的样子，以此来体现对宠物的欣赏吧？

可是从一名法国作家的笔下我们得知，在这一时期，人们曾经看到优雅的淑女们穿着模仿水蛭形状剪裁的衣裙去布鲁塞斯那里。你们一定知道布鲁塞斯，他是一位内科医生。显然，他给一些时髦女士看病，同时也是水蛭的大主顾。

"那么，"威利问道，"我平常在水沟、湿地以及其他地方找到的水蛭又是什么水蛭呢？"

我丝毫不怀疑你能经常找到这种水蛭，那是一种小水蛭，也是水蛭中最常见的一种，学名叫 Nephelis。我们常常能在水中的石头下面和水生植物上找到这种小水蛭的茧。我很快就能找到它们的一些茧，你们瞧这儿，这一小片瓦的下面就有五六个，这些

茧里面都是水蛭的卵，我会用折叠刀将它划拉开给你们看。这些卵逐渐长成幼水蛭，茧壳的两端各有一个出口，幼水蛭就从其中一个口钻出来。

此外，还有马蛭以及另一种和马蛭很像的水蛭，那种水蛭叫做 Aulastoma，意思是"像大厅一样大的嘴巴"。它没有英文名，不过你们要是喜欢的话，可以给它取个英文名字，就叫它"厅嘴水蛭"吧。它的嘴巴可以张得很大，能吞下和自己差不多大的蚯蚓。

我曾亲眼目睹一幕奇怪的场景——我把一对"厅嘴水蛭"放进了盛着水的玻璃器皿中，又放了一只肥大的沙蚕进去。两只水蛭都抓住了沙蚕，一个抓着沙蚕的脑袋，另一个扯着沙蚕的尾巴。沙蚕被两只水蛭慢慢地吞食，而两只水蛭也越来越近，最后碰到了一起。接下来会发生什么呢？它们会扭动撕扯着弄断虫子分而食之吗？没有。其中一只水蛭很快就开始谋算着吞下自己的对手。

我仔细观察着那只水蛭，看到它成功地沿着水蛭身上的红线把同伴吞下了一英寸，可也许是因为它不喜欢那个味道，或者是良心发现不想欺负同类。我不得而知。几分钟后，那只被吞了一部分的水蛭又重新回到了我的视野之中，显然，在同伴喉咙的短暂停留并没有对它造成什么损伤。有时，我们会看到这种水蛭在湿地上觅食蚯蚓。

我应该提一下英国新近发现的一种食虫水蛭，它的名字是 Trocheta，是以一位法国自然学家杜托息（Du Trochet）的名字命名的，因为杜托息是第一个描述这种水蛭的人。我敢说，只要我们仔细找，一定能在邻近的地方找到它。所有水蛭都会产下带茧壳的卵，幼虫就在茧中发育。现在，我们离开池塘吧，带上我们的小鱼，尽量不要让罐子晃动，不然鱼晃出来了我们可就不好收拾啦。

我们现在来到了田间，雨水洗刷过后的青草鲜亮欲滴。你们看那树篱间的山楂树，你们可曾见过这样繁盛密匝的花朵？山楂树篱上长满了五月苞芽，两周后的五月展该多么美丽啊。

杜鹃花

让我们采一枝山楂花和几个五月苞芽吧，看能不能再采一把漂亮的五月野花带回家给妈妈。

这儿有一些挂着金色铃铛的黄花九轮草，草香四溢；恐怕我们找不到这么多的黄花九轮草来制作花球呢。这儿还有杜鹃花，就像老杰拉德说的，这种花朵"四五月绽放，当不再口吃的杜鹃（即布谷鸟——

译注）开始它欢快的歌唱"。顺便说一下，老杰拉德应该说"他欢快的歌唱"，因为只有雄杜鹃才会"布谷""布谷"地叫。杜鹃花最美的时候花瓣是娇嫩的淡紫色，到了凋零的时候几乎褪成了白色。这位春天的使者还有一个名字，叫"女罩衫"。莎士比亚是这样形容它的："雏菊不再无瑕，紫罗兰是黯然的蓝，女罩衫通体银白。"

　　这个是蓝色婆婆纳和娇美的繁缕。繁缕有着雪一样洁白无瑕的花朵，绿叶娇嫩无比。这种惹人喜爱的花在春天绽放，几乎每个树篱上都有它们的倩影。我们要采下几枝繁缕，

繁缕

瞧它的茎是多么脆嫩易折啊。我们祖先可真有创意，他们竟然想到要把这种植物叫做"皮包骨"！繁缕（Stitchwort）这个名字无疑是指这种植物对胸部疼痛有用。（Stitch 有刺痛的意思——译注）

　　下面几行诗是卡尔德·坎贝尔（Calder Campbell）为春花

写作的，你们一定会觉得很美。

> 椴树的花苞青翠欲滴，
>
> 烂漫的鲜花开满草地。
>
> 雏菊是多么无瑕，多么端庄，
>
> 你看她眼睛金黄，睫毛明亮，
>
> 毛茛花那炫目的金黄，
>
> 像守财奴堆满黄金的胸膛；
>
> 远远的树篱岸边，
>
> 繁缕与泛着珠辉的星相伴，
>
> 还有那月见草，甜美却也苍白；
>
> 黄叶九轮草是圃鸲的珍爱，
>
> 那鸟儿吸干了一滴滴晨露，
>
> 从蓝色风信子低垂的柔缕。

　　这里还有更多"五月花"，它也叫沼泽金盏花，我们也来采下一些吧，它一定是我们采的野花中最夺人眼球的。我们还要采一两枝紫叶欧洲山毛榉，上面还挂着棕色叶子的那种，山毛榉我们在花园里就能找到。再来几枝紫色和白色的丁香花。这个花束尽管常见，但仍然很美丽。妈妈会把它插在她最好的花瓶里，然后摆放在客厅，供那些有心欣赏大自然礼物的人观赏。

嘿，杰克，你在水渠边拨拉什么呢？

"我没在拨拉什么，"杰克说，"只不过这儿有许多黑色的小家伙，你弄它的时候很是活泼呢，我猜，它们一定是蝌蚪。"

蝌蚪，杰克，你猜的没错。可它们是青蛙还是癞蛤蟆的幼体呢？让我瞧瞧。嗯，现在这个阶段还不太好说，因为青蛙和癞蛤蟆的幼体都长得差不多。如果你们找到了它们的卵——更早些时候能找到许多卵——那就很容易分清了。黑色的蟾蜍卵掩藏在一条清晰可见的胶状长线中，而青蛙的卵则藏在一团形状不规则的胶状物中。

看看这些黑色的小家伙，它们就跟非洲人一样黑，蝌蚪脑袋的两边各有一个细嫩的穗状物，那是它们的鳃，作用和鱼的鳃一样。血液经过腮部流通至身体各部，在水中空气的作用下，血液也变得新鲜而纯净。在这个阶段，蝌蚪更像鱼，而不像爬行动物。然而用不了多久，这些鳃就会消失，蝌蚪也将无法呼吸溶解在水中的空气，它们必须游到水面探出头呼吸空气。以后我们会看到，蝌蚪尾巴根部会冒出两个结，那就是后腿的雏形。同时，前腿也初露痕迹，不久后整个外形就将清晰可见。

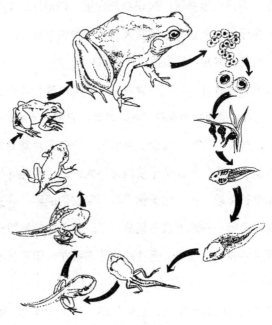

青蛙的生长过程

蝌蚪从鱼变成爬行动物的过程最让人好奇也最让人受教。如果你们从没看过蝌蚪尾巴中的血液是怎样循环的，那你们可以开始期待啦，我答应你们，哪天一定让你们在显微镜下观察这个过程。

"法国人吃的是哪一种青蛙？"威利问道，"你知道的，法国人吃青蛙。"

法国人吃的是另一种青蛙，虽然我敢说我们这儿常见的青蛙吃起来也不错。我们这儿也曾发现过几次可食青蛙呢。伊顿先生说，曾有一支法国的分遣队被关押在威灵顿监狱里，当囚犯们在湿地里发现自己的老朋友，

青蛙

也就是这种可食青蛙时，他们简直高兴坏了。不过，除了这种普通青蛙，我在这附近从来没见过其他种类的青蛙。

你们或许认为拿青蛙当宠物有点稀奇，不过有一位绅士把一只青蛙养了好几年呢，那只青蛙特别听话。那只青蛙最先是在泰晤士河边的金士顿的一个地下厨房中发现的。说起来可真妙，那些仆人对它很友善，还给它食物吃。我们通常还以为一个人在意外看到青蛙的时候，会吓得尖叫和晕倒呢。

相当离奇的是，冬天的时候青蛙按说应该在池塘底下睡大觉的，可这只青蛙却常常从洞里爬出来，在灶火边找个暖和的地方就赖着不走了，甚是自得其乐，一直到仆人们下班休息。更让人大跌眼镜的是，这只青蛙很喜欢一只很老的猫，常常依偎在这位

猫咪太太暖和的皮毛上。同时，猫咪太太也没有对青蛙先生的存在表示任何异议。

青蛙和蟾蜍消灭了大量的鼻涕虫和有害的昆虫，它们为人类做了很多好事，而且，它们本身完全无害。可是一些无知的人抓着什么都想破坏，他们执意要杀死青蛙和蟾蜍，理由是它们会吃掉花园里的草莓。

你有没有仔细看过青蛙或蟾蜍的舌头，威利？从没有过。那我希望你下次再抓着一只青蛙的时候，能够小心地让它张开嘴巴，要像诚实的艾萨克·埃尔顿说的那样，"要心怀爱意地对待它"。然后给我简单描述一下蛙舌的构造。

"好的，爸爸，"威利说，"我记在心上了。虽然一想到自己检查青蛙的舌头，我就很想大笑。不过我还是很想知道它的舌头长什么样，真希望能马上抓一只瞧瞧。可现在我们又快到家了，看来只好等下次散步的时候啰。"

五月漫步（中）

"爸爸，"威利说，"你曾跟我讲过一种美丽的小生物，小到肉眼几乎看不见。它生活在水里，会用水中漂浮的小块黏土和泥巴造房子。但它造房子用的砖跟我们造房子的砖形状不同，是圆的。你说我们今天的漫步，能否找到这种动物呢？我忘了它叫什么名字了。"

我知道你说的是什么，你说的是一种叫 Melicerta（一种轮虫属微生物——译注）的微生动物。

"噢，是的，就是这个名字，我记起来了。"

我确定能在运河里找到你说的这种微生动物，所以我们先沿着河岸走一小段，再去田野吧。我们必须带一个透明的广口瓶，

水草上的 Melicerta（放大图）

那样就可以透过瓶壁判断是否有收获。那种小巧玲珑的微小生物喜欢吸附在水生植物的茎和叶上，水毛茛和狐尾藻的细叶上最容易找到它们。接下来我们就得往瓶子里放一簇这类植物，然后举起瓶子对着光看，这样很快就能确定瓶子里面是否有 Melicerta。

这里有许多水毛茛——顺便说下，这是一种非常有趣同时又变幻多端的植物。急流中的水毛茛叶子很长，看起来就像发丝一样；而静水中的水毛茛也会长一些扁平的叶子，而那种发丝状的叶子没那么长。你看，它正开着花呢，在这个波澜不惊的小水塘中，开成了一片白色的美丽花朵。

"呀，爸爸，"梅说，"这些花是白的，我还以为所有的毛茛花都是黄色的呢。"

毛茛花几乎都是黄色的。不过，英国有两种开白花的毛茛，一种就是现在看到的这种，另一种是小藤蔓毛茛，也就是平常说的毛茛，多见于水中或水域周围。虽然藤蔓毛茛通常被当成另外一种植物，但我认

毛茛花

为它只是我们现在看到的这种植物的变种而已。

061

现在，我用棍子捞了一株毛茛，掐了一簇发丝样的叶子放入瓶中。我们有收获什么东西吗？毫无疑问，在显微镜下能看到数不清的微生物。可我没在里面发现 Melicerta。我们再试试吧。

我又掐了一簇水毛茛。那儿！你们看到了吗？一只，两只，三只，四只。它们几乎是垂直地粘在一些水毛茛叶子上的？没有，你们什么都没看到？嗯，也许你们不怎么看得见，你们的眼睛不如我的那么熟悉这种东西。不过没关系，我要拿出我的手持放大镜。那儿，你们一定能看到靠近瓶子另一侧的地方有一个东西吧？噢，是的，你们看到我指的那个东西了。哦，这是 Melicerta 的房子，

也可以说是它的箱子。

　　我跟你们描述过这种动物，等回到家，我们要把它放在显微镜下好好观察观察。这个箱子有十二分之一英寸长，和马尾巴的毛一般厚。虽然它的颜色随制造材料而变，但通常都是微红的。我们坐下来，把瓶子放到这块大石头上。我敢说，用不了多久就会有些小家伙从管状物的顶端探出头来，它们现在都在房子里呢。我们刚才掐水草并将水草放入瓶中的时候惊动了 Melicerta，所以它们赶紧钻回土房子里去了。

　　现在，我看到有个家伙慢慢在管状物的顶端现身了，就像扫烟囱的人一样。当然，它似乎更优雅些。瞧，它张开了四个花朵一样的膨体，最上面的那个最大。这个家伙只露出了上半身，透过放大镜我可以看到它的身体有些苍白透明。只可惜我的放大镜倍数不够，不能看到更多东西，所以，我必须告诉你们我用高倍显微镜看到的 Melicerta 是什么样的。

　　每片叶片或膨体周围都是极为纤细的毛，那些毛可以向各个方向快速摆动。这会让你们想到纤毛（Cilia）——拉丁文名字——意思是像睫毛一样。数不清的纤毛通过击水带来水流，而水流中有 Melicerta 需要的食物微粒和筑房子用的材料。Melicerta 先生"身兼砖瓦匠、石匠和建筑师，建造了一座构思简单却十分漂亮的屋塔"。它的嘴巴位于两个叶片之间，通向窄窄的咽喉，嘴巴内部长着它形状奇特的颚部和牙齿。颚部往下是胃和肠，你们瞧，Melicerta 虽然体形微小，身体构造却很复杂。

"爸爸，"梅说，"你说这个小生物给自己造了管子，那它是怎么造的呢？"

Melicerta 头部的上半部分有个杯形的小凹陷，周围排列着纤毛，这个杯形凹陷也许能分泌某种可以将细小的黏土球粘在一起的黏性物质。纤毛通过摆动将泥土颗粒送到了叶片之间的空隙，再将它送到这个杯形的凹穴中，最后制成了一个大小形状与这个洞穴吻合的小黏土球。然后这种小生物将身体弯向管状物，并将这个小黏土球垒在那个管状物上，接着再直起身子，开始制作下一块造房的小土砖。整个过程中，它的颚部一刻不停地工作。

"我很纳闷，"杰克说，"这个小东西是怎么分开食物颗粒和做砖头的颗粒，让它们各归其位的呢？万一搞错了，把黏土吞到肚子里，又把食物放进'砖头制造机'里，那就太好笑了。"

这的确让人好奇，它们到底是怎么把东西放到正确的地方的呢？我认为 Melicerta 有能力改变水流流向，从而得以让这些微粒各就各位。如果在水里加点深红或靛蓝的颜料，然后往盛着

Melicerta 的玻璃片上滴一滴染了色的水，就更容易看到水流。我不只一次看到成排的彩砖，有红色有蓝色，那都是它自己制作并嵌进管状物里的。

我们要带这个瓶子回家，如果你们有足够的耐心，我一定让你们看我描述过的很多东西，不过，你们必须非常有耐心哦。一位出色的自然学家说过："给朋友们展示 Melicerta 是件很让人尴尬的事，因为听到朋友们的敲门声 Melicerta 很容易变得不快，而这种情绪下，很难说什么时候才能再次见到它的倩影。有时她的脑袋会往四周使劲地摇来晃去，表演单人滑稽戏，弯曲自己的叶片来演庞奇和朱迪（Punch and Judy，是英国的传统木偶戏——译注）。"

听！是什么鸟儿在树篱间唱歌？歌声这么甜美，这么欢快。你们听到了吗？那是亲爱的小水蒲苇莺。真的，我们常常能听到它的歌声，却很少见到它们，因为水蒲苇莺喜欢藏在灌木丛或莎草丛中。跟其他迁徙的莺类一样，水蒲苇莺也是四月飞来我们这儿，九月离开。多少个夏天的深夜，我在回家的路上听着它那动听的歌声，心情愉悦而舒畅。如果有那么一个片刻歌声停住了，你只消往灌木丛中扔一块石头，歌声便会再次响起。我并不善于描述音乐声，也不会描述水蒲苇莺的乐曲，亦不能分辨它和近亲苇莺的歌声。水蒲苇莺和苇莺都会模仿其他鸟儿的声音，深夜，它们片刻不歇地吟唱，经常让人们误以为那是夜莺。我通常在地上的莎草中间或一蓬粗草间找到水蒲苇莺的窝，而苇莺的窝则由四五根高高的芦苇支撑着，是用结穗的芦苇秆和长长的草一圈一圈缠起来的，窝很深，

苇莺的巢

065

这样狂风卷过芦苇时，小小的卵就不会被甩出来。

　　听，有布谷鸟在歌唱！那"布谷""布谷"的叫声是多么清脆啊！它就在不远处。有些人能惟妙惟肖地模仿这种鸟的声音，借此把布谷鸟引到他们藏身的地方。前几天，你们的菲利普叔叔还骗得一只布谷鸟跟他应和，如果那天没有风一切平静的话，他一定能把那只鸟引到离我们很近的地方。

　　哎呀，布谷鸟拖着它的长尾巴飞走了，飞起来有几分鹰的模样。你们应该记得有关布谷鸟飞抵英国的押韵诗吧。

布谷鸟

四月天，布谷始飞还，

五月天，布谷唱连天，

六月天，布谷调儿转，

七月天，布谷要离迁，

八月天，布谷不流连。

"我记得你说过的，爸爸，"梅说，"只有雄鸟才会'布谷''布谷'地叫。那么雌鸟的叫声又是怎样的呢？"

我从没听过雌鸟的叫声。杰宁斯先生说："雌布谷鸟的叫声和我们熟悉的雄鸟叫声很不一样，以至于有时候人们都难以相信那竟然也是布谷鸟的叫声。那是一种震颤式的叫唤，连续地发出几个短音，不过格外地清脆和流畅。"

布谷鸟的习性很特别，它们不像绝大多数其他鸟儿一样成双成对。还有布谷鸟自己不做窝，而是把蛋下在其他鸟的鸟窝中，比如水蒲苇莺、知更鸟、白喉鸟以及别的一些鸟，这些你们都是知道的。布谷鸟很可能都不会重回它放置鸟蛋的鸟巢，几乎所有鸟都对自己的后代有一种本能的爱，这方面布谷鸟可真够特立独行！产卵之后，成年布谷鸟不会再为它们费心，也不卧在上面孵卵。当一些游手好闲的少年肆意毁坏树上和灌木丛中的鸟窝和鸟蛋，或者折磨那些无助的幼鸟时，布谷鸟也不会有丝毫的担忧。

"可是，爸爸，"威利说，"和布谷鸟在同一个窝孵化出来的鸟最后怎么总是会掉出来呢？这是怎么回事？"

布谷鸟个头大得多，体重又重，所以占据了鸟窝的一大半空间。这样一来，其他较小的鸟雏就被挤到窝边上，有的还被挤到

067

了小布谷鸟的背上。因此，当小布谷鸟在巢里站起来的时候，它经常会顶高背上的小鸟伴，一不留神布谷鸟背上的小鸟就会一头栽在地上。我觉得，其他小鸟应该就是这样被扔出来的；到最后，巢里只剩布谷鸟一个，它自然也就能得到所有的食物。

不过我同时还得跟你们说，有一些自然学家认为小布谷鸟其实是有蓄意谋杀倾向，其他幼鸟是被它恶意扔下去的。而另外一些自然学家则说，那些幼鸟是收养布谷鸟的大鸟亲手扔出去的。有的幼鸟的确遭到了这样的待遇，这一点确然无疑，因为有时候在地上见到那些摔下去的幼鸟相对比较大，而窝里的小布谷鸟还很小，不可能把其他幼鸟赶出去。

"可是，布谷鸟为什么不像其他鸟一样筑巢孵卵呢？"杰克问道。

这个问题说出来容易，回答起来可就困难了，不过我希望你们能试着自己去寻找事物的原因。"现在，"一位著名的自然学家这样写道，"人们普遍承认，布谷鸟之所以有这种本能的更直接且最根本的原因是，它的卵不是一天产完的，中间还要隔两到三天。所以如果它自己筑巢孵卵的话，那些先产的卵就必须得先放在一边不能孵化，否则就会出现年龄不同的幼鸟和鸟蛋同巢的情况。如果布谷鸟真这样做了，那么产卵和孵化的时间就会变得很长，会造成不便。特别是雌鸟很早就要迁徙，那些先孵化的幼鸟很可能就得留给雄鸟独自喂养。"

布谷鸟大约在四月中旬来到这里，雄鸟比雌鸟来得要早些。要么是因为雄鸟喜欢独来独往，所以做出这样失礼的行为；要么，就是因为布谷绅士做好准备迫不及待要出发的时候，布谷女士们却发现在离开这个国家之前还有些重要的事要完成，需要整理整理衣裙，而有那么几片讨厌的羽毛无论怎么梳理都不够服贴。个中原因我不得而知，但我知道一个事实，那就是亲爱的布谷先生和布谷女士并没有结伴远行。

让我们假设布谷先生和布谷女士都到了这个国家，比如说它们是四月二十三日到的吧。它们自然想有点时间见见面，无论如何，在它们飞抵这儿后的几周内，比如到五月十五日，都没有卵可以孵。这些卵在孵化之前需要先卧上十四天，这样就把日期推到了五月二十九日。幼鸟要在窝里待三个星期，期间需要不断喂食。到了幼鸟可以离巢的时候，已经是六月二十日左右了。不过，幼鸟从离巢到能自己觅食期间，还想让鸟爸爸鸟妈妈喂它们五个星期，这样就到了七月二十五日。可这时布谷幼鸟的爸爸妈妈几乎都不在这儿了，它们已经飞到了世界其他的地方。

"哦哦，可是，爸爸，"威利说，"你刚刚要我们记住的那几行诗说——'七月天，布谷要离迁，八月天，布谷不流连'。现在你又说布谷鸟还没到七月就走了。我觉得你肯定有什么地方搞错了。"

　　我很高兴你发现了这个错误——如果这真是个错误的话。古老的押韵诗不见得总是可信，但我想"八月天，布谷不流连"的意思也许是说，布谷鸟从来不会陪我们到那个时候。不过，我一定不能忘了告诉你们，先离开我们的是布谷鸟的爸爸妈妈，而幼鸟一直要等到九月甚至十月才走，而那会儿它们都还没学会叫"布谷""布谷"呢。如果你们问我，为什么布谷鸟爸爸和布谷鸟妈妈不多待一阵，等到九月全家一起迁徙，而是这么火急火燎的，我只能说这是布谷鸟群的潮流，布谷鸟当然和其他动物一样，必须跟着潮流走。琴纳医生是这样解释布谷鸟在产卵方面的特殊习性的，我不能评价他给出的理由是否充分。与布谷鸟的体型相比，布谷鸟的蛋显得非常小，是浅灰色的，掺有少许红色。

　　"可是布谷鸟的蛋是怎么到鸟窝去的呢？"威利问道，"因为发现有些布谷鸟蛋的窝很小，布谷那么大的个子不可能挤得进里面去下蛋。"

　　你说的非常对。我认为已经有证据表明布谷鸟的蛋其实是下

在地上的，后面它们是用嘴把鸟蛋
叨到其他鸟的鸟窝中去的。

　　"噢，爸爸，"杰克说，"草地
上那棵样子奇特但长势茂盛的植物是
什么呢？我看着很眼熟，但不知道它
的名字。"

　　那是一株马尾（horse-tail，马尾，
木贼属植物，因为它们形似马的尾巴，
所以在英文中的俗名就是马尾。在植
物的分类中，它们属于楔叶蕨纲，是
最原始的陆生植物——译注）。看它
茎干上的线条，还有它连接得也真是
奇怪呀，除了节点相接处，其他地方
都是空心的。马尾的果实呢，则长在
顶部（a）。

　　瞧，我摇它的时候从顶上落下了
许多粉尘；这些粉尘就是它的果实，
人们叫它孢子。每个孢子都是椭圆形
的，孢子有四根有弹性的线。如果取

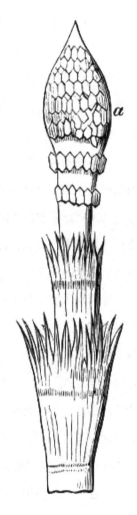

马尾

一些这样的粉尘放在玻璃片上用显微镜去看，应该会看到很奇特的景象。这四条线可以延展，可只要我往玻璃片上哈一口气，这些线就会自己缠上孢体；但只要湿气散去，线又会在原来的位置延展开来，就和之前一样。而孢子经过这一缠一展，则如同有生命一样地跳跃。

马尾的茎有两种，一种可以繁殖，一种不能繁殖。你们手中的这枝马尾是可以繁殖的，而它也只有在春天才见得到。不能繁殖的马尾便没有粉尘状的果实，倒是有许多一节一节的枝围绕着主干一排排地往上长；这种马尾草能生长一个夏天，有些地方还会长出厚厚的茎壳。

你们用手感觉一下它的茎有多粗糙，这是因为马尾草的茎干里面含有大量的硅石或燧石成分，因此，一些品种的马尾还可以用来抛光。有一种叫"荷兰灯心草"，是从荷兰进口的，人们就是用它给红木、象牙、金属等物品抛光。大多数马尾生长在湿地、沟渠或湖边；不过也有一些在玉米地或路边比较常见。我们英国的马尾高不过几英尺，但在热带国家，有那么一两种马尾能长到十六英尺高甚至更高呢。

现在，让我们把瓶子浸到池塘里去，我想试着抓几只水螅。水螅可真是一种奇怪的动物，它们的进化历史也很奇怪，不过我

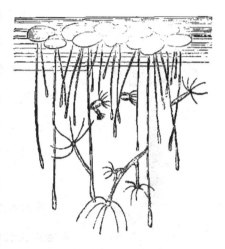

浮萍根部的水螅

们还是先捉几只上来再说吧，可我的瓶子里似乎还不见水螅的踪影。啊，现在我们抓上一两只了。你们看，有一个小东西粘附在一小簇浮萍的茎上，它的嘴巴周围有五六个小突起。此刻它们是缩起来的，不过水螅很容易就能让它们伸展开来；伸展后的突起看起来就像一根根细长的线，它们就把这些细长的线当鱼线呢。水螅现在看起来比针尖大不了多少，但它也能伸展自己的身子，就跟伸展那几根线一样。

我要采一段浮萍，然后把湿漉漉的浮萍放进这个袋子，等我们回到家，再连着袋子一起放进装满水的玻璃器皿中。我想再过半个小时左右，我们一定能找见几只水螅。

它们很可能品种不同、形态各异——有一些水螅头朝下松松地晃荡；有的则以优雅的弧度挺立着，伸长着比身体长好多倍的胳膊或者说是触角；有的把胳膊甩向脑袋正上方；还有一些缩着

074

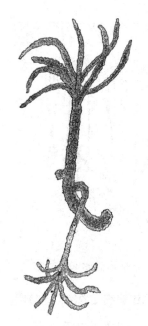

水螅，体侧正冒出小水螅

身子，看起来就像一小粒的胶状物；另外有一些把脑袋和尾巴吸附在玻璃瓶面上；有的漂浮在水面上，尾部甩出去以防止身体下沉；有的是漂亮的草绿色，有的则是浅褐色或肉色；其他的一些几乎是白色，还有一些则是红色。

这种生物被切成几段后，每一段都能再次长成一个完全的个体，水螅幼虫也是从父母的体侧长出来的。有人说，就算把它里外翻转也没关系，而且这个手术也不会带给它什么不便。

"可是，"威利说，"怎么才能将水螅这么小的东西里外翻转呢？"

我承认，这似乎是个不可能完成的任务，必须要有过人的技术和耐心才能完成。不过，许多年前日内瓦有一位名叫特朗布莱的著名自然学家，他常年研究水螅，或者说是淡水螅，我现在就给你们讲讲他当时的尝试。特朗布莱是这样说的："起初，我给实验的水螅投了一条虫子，待它吞下虫子时，我开始了手术，手术最好在虫子没被怎么消化之前开始。我把肚子撑得鼓胀的水螅放进左手手心，手心里握了一点点水；然后我用一个小镊子压住靠近尾巴末端的一个地方，我没有压它的头。就这样，我轻轻地把那只被吞下的虫子往水螅的嘴巴那头挤，水螅被迫张开了嘴巴；我继续这样慢慢挤，于是一部分虫身便从水螅的嘴巴里压了出来。这样，拽虫子的时候就把水螅胃部下面相应的部分一块儿拖了出来。

从水螅嘴里拽出来的蠕虫把水螅的身子撑得很大，如果虫子是身体对折着出来的话，更会把它撑大。水螅处于这种状态时，我轻轻地将它从水里拿出来，也不惊动它；然后我把它放在我的手掌边缘，手掌有些微潮湿，这样水螅就不至于吸得太紧。我迫使它尽量收缩，这样它的嘴巴和胃就会随之变得更大。虫子的一部分已经从嘴巴挤了出来，水螅的嘴巴只能张开；这时我用右手拿起一根很硬但没有尖头的猪鬃，就像拿着一把放血用的柳叶刀（放血治疗是欧洲以前用的一种治疗疾病方法，放血时切割血管的刀片叫"柳叶刀"——译注）。

我把猪鬃粗的一头从水螅的身体后部插进去并往前推，把猪鬃推入它的胃部，这倒没什么难度，因为水螅的胃部是空的而且被撑得很大。接着，我继续推动猪鬃的末端让它深入水螅。猪鬃碰到那只撑开水螅嘴巴的虫子时，它要么将虫子往前推，要么是从侧面借道最后从嘴巴出来——水螅就是这样被里外翻了个。"

真的，如果真像特朗布莱跟我们说的那样，里外倒转的水螅照样能吃东西、能生长、能繁殖，想想都觉得好不可思议。不过，我们也许不会再怀疑这些水螅是否常常能成功地变回原来的样子，除非特朗布莱有办法阻止它们。关于这种淡水水螅的怪事还有其他记载，比如不同的个体可以嫁接到一起，而且对嫁接的双方没有丝毫影响，当然，水螅也不能无限制嫁接。

水螅以小蠕虫、蚊子的幼虫、水蚤和其他一些微生物为食。它们用触角或者说是鱼线捕捉食物并将它们送至嘴边。许多观察者坚持认为，我们有充分的理由相信，水螅的手臂能瞬间让它们缠住的虫子麻痹。我们这儿的池塘和沟渠里至少有三种很好认的水螅，它们是绿水螅、浅肉色水螅（即普通水螅）以及最有趣的长臂水螅。瞧，这儿有些水月见草，它们正开着花儿呢，娇嫩的粉色花冠包裹着明橘色的花蕊。我们采几株植物，然后就回家吧。

五月漫步（下）

　　今天我们要去萧布里看看，兴许还能钓到鳟鱼呢。即使鱼儿没有浮上水面，我们也还有许多东西可以观察。不用说，我们今天肯定能美美地玩上一整天，今天吹着西南风，多云，五月花也全开了，我想我们一定可以趁这个机会好好运动运动。检查一下鱼具有没有齐全，我们马上就要驾车出发去河边啰。

　　在湖边漫步，听水波的涟漪婉转，是多么的惬意呀。同样叫人惬意的还有察觉到一条活蹦乱跳的鳟鱼在钓线那头跳跃拖拽的那种感觉。当此美景，我忍不住要引用几行《垂钓者之歌》中的诗句，我想你们也一定会觉得诗句很美。

绿林中的欢乐是号角声和猎犬的叫声，

多么乏味无趣的心，才不会为之荡漾；

麦茬上的欢乐是鹧鸪扇动翅膀的声音，

无忧无虑的野兔从它的翅影下跃出；

可是，世上却有比那些更令人快乐的，

那是我们恋慕的运动，在这缓缓流淌的河边；

每个月有哪个虫族造访是我们的艺术，

能将它们的薄纱的翅膀做得可以乱真；

知道怎样的微风能号令鳟鱼跃出优美的弧线，

我们终会战胜这鳟鱼，无论河水是深是浅，

每一条刁钻的鱼我们都赏它一枚狡黠的蜜饯；

这是我们恋慕的运动，在这缓缓流淌的河边。

什么音乐比得上河流的弹唱？

什么钻石比得上一瞥间捕捉到的永恒波光？

什么沙发如正午长满苔藓的河岸一般柔软？

当我们睡思昏沉，枕着一百朵花儿进入梦乡，

在水晶般透亮的流水，我们标下鱼儿的踪迹，

这是我们恋慕的运动，在这缓缓流淌的河边。

当朝阳向有着高原之声的百灵鸟致意，

当夜莺在昏暗不清的树枝上重复黄昏的祷告，

当骤雨劈劈啪啪落在草地上，

当突绽的晴光和远天的流云相映成辉。

从清晨至黄昏，所有爱、欢乐和和谐，

赐福我们恋慕的运动，在这缓缓流淌的河边。

哈，我们又来到了萧布里这个迷人的小村庄。无论是孩提之时还是长大之后，多少次，我曾在这罗登河边悠然漫步。从最开始的漫步到现在的徜徉，这中间经历了多少世事变迁呀！过去熟悉的一切，曾陪伴我远足钓鱼的伙伴，都不见了踪影；只是，心里一直珍藏那些美好的回忆，回忆过去那些呼朋引伴的欢乐时光。

我们到时候就在"大象和古堡的旅馆"安顿好马车，然后悠悠然地漫步去河边吧。

啊，说到就到了。现在呢，威利大师，这儿没有树会挡着你甩鱼钩，那就朝着那附近轻轻地小心而又急切地把鱼钩甩过去吧。只要附近有鱼游荡，它准保没办法拒绝你的绿公鸭(这里指蜉蝣，是垂钓者对作为诱饵的蜉蝣的戏称——

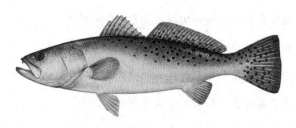

鳟鱼

译注）。不过我倒真希望它在享用肥嫩的飞蝇之前，先尝尝假的是什么滋味。如克里斯托夫·诺斯所说，"吞下蜉蝣！你能不能别让那可怜的昆虫一整天劳累？它们吃起来一定没什么味道——但这儿有些味道实在香浓……它们的尾巴上盛着辣酱。一定得尝尝那浮子的滋味——这三样随你喜欢。"

那儿，抓紧鱼竿，威利，那可是个大家伙。小心点把它带到这边来，钓竿要竖直，先和它戏弄一阵儿，因为它的力气很足。好的，干得好，我已经用捞网捞着它了。它是不是个好家伙？足足有一磅重呢。我都要迷上它了，真没得挑！鳟鱼和三文鱼一样，有着粉红的鱼肉。我曾在下游较远的地方，费了好大力气钓到了一条鱼，那儿的情况不太一样，下游的河水较浑浊，流速也很缓慢。你们看看它，瘦瘦的鱼身是深颜色的，相对于这么苗条的鱼身而言，它的脑袋可够大的。

"哦，爸爸，"威利说，"它身上有一些奇怪的东西在蠕动，那是什么呢？快看。"

"哈，这个我很熟悉，钓鱼的人都管它们叫鳟鱼虱。我要刮下一只来放到瓶子里去。现在你们看，鳟鱼虱的身体差不多算正圆形，全身几乎透明，颜色是那种深绿色；它有两对划水游动的脚，每一对都被一圈细毛包围；它还有一对颚足和一条半开裂的小尾巴；颚足前面还有一对肉乎乎的圆形吸管，这种寄生虫就是靠着这种吸管吸附在各种鱼身上。鳟鱼虱是一种优雅的小东西，它在水中自由欢快地游来游去；一会儿游直线，一会儿又突然地快速转过身来，而且一次又一次地转身。

自然学家称它为叶形鱼虱，我想它应该没有英文名字。很多鱼身上都可以找到这种寄生虫，虽然它们也常常吸附在健康的鱼身上，但绝大多数是附在不甚健康的鱼身上。鳟鱼虱的嘴巴上长着一根又长又尖的吸管，这根吸管

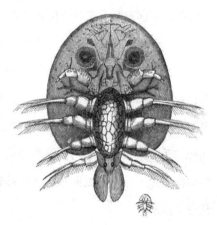

鳟鱼身上的寄生虫（即叶形鱼虱）

能刺穿所附鱼的皮肤，吸取它们的体液。我们带几只回家吧，让你们看看显微镜下鳟鱼虱的各个部位是怎样的。

现在，让我们坐下休息一个小时，开始午餐。此刻，鱼儿们不像先前那样无拘无束地浮出水面，或许过会儿它们就又有兴致了。不过，河上栏杆的一侧似乎有些东西，我必须过去看看。嗯，这可真是个有趣的玩意儿。原来是一大堆飞蝇挤在一起，里面有活的，但大部分都是死的；还有，你们看，这些飞蝇身下还有许多的卵呢。我们来仔细看看一只飞蝇，它是褐色或浅棕色的，长长的翅膀透明而且有分叉，上面有一些不规则的褐色点点。天哪，成千上万只死飞蝇覆盖在蝇卵的上面。这个想法简直太奇怪了。

现在，溪岸附近农场的柯林斯先生走过来了。

"哦，先生，我对这些飞蝇倒是很熟，它们是橡树蝇。"

当然不是，我接道，虽然它们的颜色和外形某种程度上是和橡树蝇有些相像。可是，这位农夫坚持声称自己是正确的，我觉得再和他继续争论下去也没什么好处。柯林斯先生是一名出色的飞蝇钓手，而飞蝇钓手们，除非他们就是自然学家，否则通常都很固执己见。我常常试图告诉他们蜉蝣不是石蚕变来的，可从来都没有成功过。

那么，我方才发现的那几千只用翅膀孵化许多卵的两翅飞蝇，昆虫学家们叫它鹬虻属朱鹭。这种飞蝇的雌蝇喜好群居，我们刚才已经看到了，它们把产下的卵附在横栏、大树枝上以及溪流边的其他物体上。每只雌蝇在产卵后都会待在原地，直至死亡。一只接一只的雌蝇做着相同的事，从而就形成了我们看到的那一堆东西。

幼虫孵化出来后会跌落水中，而水里也正是它们未来居所的所在地。据说飞蝇的尾巴有分叉，而尾巴的长度约占虫身的三分之一。幼虫能够通过在一个垂直的平面上不停地做上下起伏运动来养活自己。不过，我对飞蝇的幼虫和蛹都不太熟悉，但愿这个夏天我能对它们了解更多。

飞蝇

"这可真让人好奇，爸爸，"杰克说，"那种飞蝇产卵后就会死在原地。可它们为什么不飞走呢？还有其他的飞蝇也会这么做吗？"

是的，多数都会这样。介壳属的一些昆虫（也叫介壳虫或粉蚧）雌虫常见于各种树的茎干上，它们有时会对树木造成很大的危害；

083

这些昆虫在树上产卵然后死去，而成虫的尸体则覆盖保护着幼虫。看，那只绿公鸭（蜉蝣）出水的动作多么迅疾。你们瞧，它支棱着脑袋飞了一两秒，然后就又无可奈何地坠入水中了。

那儿！你们有没有看到那条朝着飞蝇浮上水面的鱼？它甩掉了饥肠辘辘的鳟鱼，来到一片水草前，或许它打算在那儿休息上几小时。不过，把我的钓竿给我，说不定那条鳟鱼会浮上来吃我的假飞虫呢。好的，鱼钩刚好扔到了鳟鱼的上方。不，它不愿意咬钩。我要再试几次。哎，它还是没有咬钩，我想也许是这条鳟鱼不喜欢辣酱。好吧，看来我要花一小时左右的时间才能引它上钩。

这儿的水流很平缓，没有激流。要不我们在草地上躺下来吧，看看蜉蝣是怎么出生的——"蜉蝣"才是五月蝇的正名。有什么东西飘下来了，恰好落在我的手中，所以我抓住了它。是什么呢？不出我所料，正是蜉蝣在褪下它的襁褓。你们瞧，它使劲地扭动

身子，终于它自由了；样子奇怪的小虫子蜕变成了美丽的飞蝇。

不过在完全长成之前，这些小飞蝇还得再

蜉蝣

经历一次蜕变；现在它的身子还很重，因为翅膀还没太干，而肌肉也承受不了飞行的拉力。所以在目前这种发育不完全的情况下，每隔一两秒就会有飞蝇落入水中，落入虎视眈眈的拟鲤、鳟鱼或别的一些鱼口中。你们应该记得蜉蝣，也就是五月蝇，在它现在的亚成虫阶段，也就是翅膀尚未发育完全的阶段，实际上就是钓手们常说的"绿公鸭"期。

这片叶上是什么？你们看到了吗？叶子上面粘着的没有多少生命力的影影绰绰的东西是什么？是一层脆嫩的膜，很薄很轻。瞧，我吹一口气它就飞了。你们刚才看见了蜉蝣后部的裂口，之前的"房客"就是从那个裂口出去的。

这是"绿公鸭"留下的壳，现在的它已经蜕变成比哈里奎恩或科伦芭茵（二者是意大利、英国戏剧中的喜剧人物——译注）还更活泼的生物。雄的变成了深褐色的昆虫，翅膀薄如轻纱；雌虫则蜕变成了一种美丽的生物，身体是大理石白和棕色相间，而且飞得很好很稳健；这些雌虫一会儿高飞空中，一会儿又紧贴着水面滑翔，有时还会为着产卵而轻轻蘸入水中。椭圆形的小卵沉入水底，附上那儿的水草或石头。

雄蜉蝣的飞行则完全不同，它们一起操练一种特别的"上下舞"，雄蜉蝣们竖着脑袋，向上划出许许多多漂亮的弧线。当然，你们肯定能想到其中有多少沦为了鸟和鱼的腹中餐，那可算得上美味佳肴呢。

这些飞蝇，虽然在幼虫和若虫阶段都很贪吃，但完全成形之后反倒什么都不吃了。是的，它们没有真正的嘴巴，只有一个未发育完全的或者说是最原始的嘴巴，所以你们不可能从蜉蝣的胃里找出一丁点食物。而它们的胃里多多少少总会有些气泡，毋庸置疑，这些气泡能帮助蜉蝣浮在水面，从而减少肌肉力量的消耗。我要抓一只飞舞的雄虫，迅速按住它身体的中间部分。啊哈，它裂开了！蜉蝣腹中的气泡在我拇指和食指的按压

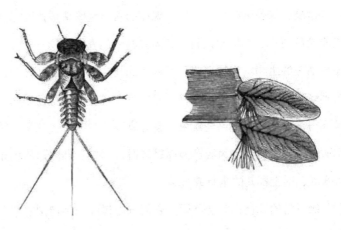

四节蜉蝣的幼虫和气孔骨片（放大图）

下破裂开来。

五月末和六月初，是我们英国五月蝇最多的时候。而在其他国家，有时它们的数量会多得惊人。在荷兰、瑞典和法国的某些地方，蜉蝣的数量可以与漫天纷飞的雪花相媲美。

"数不清的蜉蝣漫天飞舞，"雷奥米尔说，"笼罩着这水流、我伫立的这个河岸，这般景象，让人难以想象，难以用言语形容。即使是最大最稠密的雪花，也无法像这些蜉蝣一样充满整个空中。"

就我所知，不列颠列岛还没听说过有数量如此庞大的蜉蝣存在。五月蝇的成虫阶段，也就是亚成虫阶段，非常短暂。"Ephemera"（英文的蜉蝣——译注）的意思是"只活一日"。虽然某些个体能活得稍久一些，但"Ephemera"这个词贴切地体现了它存活时间的短暂。

五月蝇（即蜉蝣）的尾部末端有三根细细的长毛，这一科的不同属昆虫，却只有两根毛发状的尾须附属物。例如，打鱼人熟知的"三月褐"（三月开始活动的蜉蝣）和蜉蝣属于同一科，不过体型比它小，尾部也只有两根毛；但是除此之外，三月褐和五月蝇生得像极了。

不过，两种幼虫间的巨大差异更是让人称奇。但我现在不打算谈论这些。下面是两种形状不同的幼虫，一种是普通五月蝇的幼虫，另一种是三月褐的。

来吧，我们吃过了午饭，也休息过了，还看了五月蝇。现在，让我们来抓几条鳟鱼吧。为什么有时候天气相宜，水况也是一级棒，可鱼儿就是不肯浮上水面呢？这实在是很奇怪。嘿，威利大师，你在找什么呢？

"哦，爸爸，"威利惊叫着，"这儿的浅水滩里有好多鲦鱼，所以我就放了旋钩下去，然后，瞧，我只是把鱼钩扔到了鱼旁边，就有两条上钩；然后我就利索地把它们从水里拉了上来。"

喔，怎么说这都有点偷猎的意思。毫无疑问，那条鱼正在水毛茛丛中产卵，只要钩出一些水草来，我敢说，我们一定能看到些许鱼卵。没错，它们果然在那儿，像珍珠一样缀在这种植物的长线状的叶子上。你捉得够多了。我认为这么占鲦鱼便宜可不怎

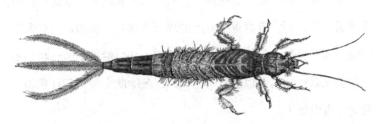

直径放大两倍后的蜉蝣（也叫五月蝇）

么符合体育精神哟。拿上你的鱼线，去老铸桥下试一试。你认为没有用？真正的钓手可不会这么说。我曾在那座桥下钓到过很多鳟鱼，我敢说这次你也能钓到。

钓上来了！我早说过嘛。现在绷直你的鱼线，杰克会把钓钩上的鳟鱼取下来。显然，这条鱼不算大，不过活蹦乱跳的。你现在抓到它了，就把它扔在草地上吧。看看它身上有没有寄生虫？有，但不是我们观察过的那种。我发现了一种和水蛭差不多的生物，非常小，身体是长柱形的；它叫"鱼蛭"，是一种不常见的寄居在鱼身上的水蛭。好吧，把它装进瓶子，我们可以把它带回家，等有空的时候再仔细研究研究它。到现在我们共捉了多少条鳟鱼？

"九条。爸爸，你要记得哦，我抓了三条。"

是的，但我在想，你是不是把偷猎来的鱼也算进去啦？

"没有，我用飞蝇抓了三条鳟鱼，我并没把鲦鱼算在内。"

总的来说，今天的活动还不赖吧？我还把三条小鱼扔回了水里。

这株艳丽的植物是什么？它开着大朵的球形黄花，多么美呀，那么一大簇花长在河边的一小块地中。这是金莲花，得名于它圆形的花冠；也许你们已经猜到了，它属于毛茛科植物。

089

金莲花

我认为野生金莲花多生在山区，所以我怀疑它们是从木屋花园迁移到这儿的，木屋花园离这只有四分之一英里远。我们要挖出它的几条根，或许查尔顿太太会喜欢拿它当园艺灌木养着呢。出来钓鱼的话，除非特别不方便，不然都要带上一把铲子、一个小篮子和几个广口瓶，这些东西非常有用，尤其是在鳟鱼怎么也不肯露面的时候。你可以把铲子和篮子寄存在木屋主人家里，而每个自然学家都是瓶不离手的。

你在追什么？杰克？噢！我看到了，你追的是英国最美丽的昆虫之一。啊，它的速度太快了，你追不上的。那是一只颜色鲜艳的钢蓝色蜻蜓。我们在这儿坐几分钟吧，欣赏欣赏它的飞行姿态。它飞得可真是快，方才还在沿着河流往前飞，突然就掉头向后冲过来。它也叫豆娘(Agrionvirgo，蜻蜓的一种俗称——译注)，是蜻蜓中最鲜艳夺目的一种，它甚至可以与热带国家那些色彩斑斓的昆虫相媲美。

所有的蜻蜓都是从水中的幼虫发育而来；蜻蜓幼虫外形丑陋，并且性情残暴。那些幼虫的嘴巴，更准确地说，幼虫的下嘴唇格外奇特。幼虫唇的末端有两个像颚一样的器官，唇的主要部分和头联结在一起，人们通常称那是面罩。休息的时候，面罩是收在脑袋下面的；可要是身边有幼虫认为好吃的小生物经过，它的面罩就会突然跳到头的前面去。

想象你的一只胳膊和下巴相连，然后弯肘，用手捂住你的脸——这就是蜻蜓幼虫休息时戴着面罩的情形；现在迅速把手臂从头部往前伸直——这是蜻蜓幼虫打开和使用面罩的情形；你可以把手指当做这种生物的颚部。

等到幼虫想要变成昆虫的时候，它就会钻出水面，爬到一些水草的茎或其他露出水面的物体上，然后把自己的皮肤撑破，从而进入一个新的生命阶段。如果我们往水域四周看看，肯定能发现一些空的蛹壳。你们看，莎草上就有两个。瞧，蛹壳的背部有

蜻蜓

个裂缝，蜻蜓就是从这儿钻出来的。

蜻蜓是英国昆虫中个头最大也是最具活力的昆虫。引用莱默·琼斯的话，"它们在飞行的迅速和进化的稳定性方面尤为突出，蜻蜓像鹰一样在水塘和沼泽地附近寻找猎物；而在炎热的夏天，这些地方的蜻蜓更是数不胜数。蜻蜓除了极为好动以外，同样引人瞩目的还有它那迷人的色彩以及翅膀的精巧构造。它们可以称得上昆虫一族的君王。昆虫学家给它们选取的名字也充分验证了它们的完美特性，如形容它像皇帝一样摇摆的 Anaximperator（即皇蜻蜓），到那些表现女性的娇柔和淑女的优雅的名号，如 Virgo,Puella,Demoiselle,Damsel-fly 等（前三个词和最后一个词的前缀也是少女的意思——译注），这些用来形容许多蜻蜓展示出来的窈窕轻灵可以说恰如其分。

然而，蜻蜓的习性却无论如何也配不上它被授予的这些温柔称号。事实上，蜻蜓是昆虫世界里的猛虎，它们一生致力于杀戮和掠夺。蜻蜓的翅膀强劲有力，颌部硕大，而且拥有敏锐的视觉和无与伦比的敏捷速度，似乎没有什么能逃过它们的魔爪。它们对受邀去消灭的昆虫军团所做的屠杀更是可怕。"

不过，千万不要根据上面的叙述就认为蜻蜓活该被杀死。恰恰相反，它们对人最为有益，消灭了无数有害的飞蝇和蝴蝶，而这些昆虫的幼虫会对植物造成很大危害。

"哦哦，爸爸，"杰克说，"村里的男孩子只要逮着蜻蜓，就一定会杀了它们，他们说蜻蜓会蜇马。"

我知道这是一个盛行的传统说法，这种说法从曾曾祖母的曾祖母那里就开始流传，一直流传到现在。蜻蜓常被叫做马刺（horsestingers），在美洲，它们有时被叫做"鬼针"。而苏格兰的人们更多地叫它飞蛏蛇。我的网在哪儿？我想抓一只豆娘。好的，我抓到"她"了。或者，我应该说"抓住'他'了"，因为翅膀上的深色斑点暴露了它的性别。雌虫的翅膀上没有斑点，而且是深绿色的。

"它在阳光里一闪一闪的，多漂亮啊，"威利说，"再没什么比它的翅膀更美丽了。"

那么，你们已经近距离观看和欣赏过蜻蜓先生了，现在我要放它走。它飞走了，短暂的被捕并没对它造成什么伤害。现在该去瞧瞧我们的鳟鱼朋友啦，它一小时前还不肯吃我的飞蝇呢。啊！我才投了一次鱼钩就成功捕到了鳟鱼。瞧，它蹦达得多厉害呀。现在，威利，准备好捞网。好的，很妥当，又是一条很棒的鱼。我们今天的活动也该结束了，现在得准备驱车回家。明天啊，威利，你可以学几行汤姆逊（詹姆斯·汤姆逊，苏格兰出生的美国诗人

093

——译注）的《四季》。

　　这里有一些值得你们记住的忠告：无论如何，都要坚持再坚持。毫无疑问，总有一天你们会做到的。

094

六月漫步（上）

"去年秋天我们几度寻找菌菇，"威利说，"那是一段特别愉快的时光。我真希望现在就是采菌菇的时节。想想瑞京山下的树林，还有提波顿附近让人欢喜的冷杉种植园，另外还有几种菌菇，烤来当早餐再好不过了。我总念念不忘着去采菌菇，咱们到底什么时候才能再去呢？"

九月和十月是采菌菇最好的时节，不过更早些时候也是能碰见一些的，但我保证，等到了九十月份咱们一定好好地花一两天时间去找菌菇。同时啊，我们要睁大眼睛，虽然现在才六月，但我敢说我们也能碰上一些有趣的菌种。

咱们今儿要去离家不远的几块草地，应该能在那儿找到圣乔治菇，不会错的。圣乔治菇是一种味道十分鲜美的菌菇，而且对

健康极为有益。前几天我采到过几朵，现在天气这么暖和，我相信咱们一定能找到不少。所以呢，咱们不仅得带上采集瓶，还要带上一个篮子，就由杰克来提吧。现在你们分头去草地上仔细找。

"这儿有好多菌菇，长成一圈儿！"梅惊叫道。

让我看看，你找到的就是咱们想要的那种菌菇。这种菌菇名叫 Agaricus gambosus（拉丁文学名——译注），也叫圣乔治菇。看看它的菇褶多紧密啊，米白的颜色，顶部肥厚多肉，茎也很粗。现在气候还早，相对来说几乎没几种蘑菇，所以你们不可能把 Gambosus（这里指圣乔治菇——译注）和别的蘑菇弄混。什么？你认为它的气味太重？嗯，

圣乔治菇

我承认这种菌的气味有点重，不大好闻。把你采的蘑菇装进篮子吧，然后你会发现这些蘑菇吃起来的味道可比闻起来的味道好多了。有几个蘑菇的顶部有缝或已经裂开了，这些蘑菇老了些，但非常好。我们要把它们和其他的蘑菇放在一起。

"哦，爸爸，"杰克惊叫道，"我正往树篱间的一棵白蜡树

张望呢，刚刚好像看到一只老鼠跑上树了。"

我觉得那应该不是老鼠，而是一只鸟。从它往树上跑的习性来看，应该是啄木雀。咱们再靠近一点看看。我看见了，没错儿，就是那种小小的啄木雀。你看它飞快地往树上跑，这会儿停了下来，似乎是在仔细察看树皮；一下子又继续往上爬。确实，它实在和老鼠太像了！

啄木雀是英国最小的鸟之一，虽然普通但却不常见——只有留心这种事情的人才能看见它们。这会儿，它去了树干的另一侧，然后它又转回来啦，开始探索另一棵树的树干。靠着弯钩一样的长喙和坚硬分叉的尾羽，这种美丽的鸟儿能飞快地爬树。啄木雀一年四季都待在这儿，像种植园和公园这种树木众多的地方，啄木雀的数量就更多啦。

啄木雀在空心的树或朽树的树皮里面做巢。四月间，这种小鸟会产下许多鸟蛋，大约有六

啄木雀和幼鸟

到九枚。鸟蛋几乎全体通白，较大的一端通常有少许粉色的斑点。啄木雀很少啼叫，不过它的叫声却是微弱而动听的。你们可能猜得到，啄木雀的幼鸟非常非常小。另外，要注意观察啄木雀弯弯的尖喙，而且它的尾羽很坚硬，啄木雀就是用尾羽抵着树干作为支点来帮助自己往上爬的。

　　我们去邻近的田里走走吧，那儿很快就要割草。我们就在树篱附近拔一些草——因为践踏那些高高的草实在是说不过去。很多人对于青草的认识仅限于它们可以作为牛羊的优质牧草。我们拔一些吧，小心一点儿，尽可能每一种草只拔一棵。

　　这些青草如此地美丽而优雅，而它们彼此之间又是那么地千差万别。有的长着挺直的穗状花头，有的则低垂着美丽的花冠；有的摸起来很是粗糙扎人，有的却如丝缎般柔软；有的非常有价值，可以作为新鲜牧草，也可以晒成干草；有的却是不折不扣的毒草。

　　你们知道，茅草对于农民而言是个不小的麻烦，它的生长速度极快，还很难被杀死。茅草的根茎在地下向四周蔓延伸展，如果任凭其自由生长，很快它就会占领整块土地。所以，农民很是认真地把它们连根耙起，然后堆在一起烧掉。

　　这是粗糙的鸭茅草，它的草头，也就是通常所叫的圆锥花序，是一簇簇地向上竖着的。你们瞧它硕大的黄色雄蕊——这种草生长繁殖能力超强，几乎占据了干草牧草（即用来做干草的牧草——译注）的大半江山。

这是常见的抖草，它修长而平滑，枝条很是舒展。瞧，轻轻一碰，那许许多多的花头就会跟着颤动。草地上还不怎么见得着这种草呢。抖草极其漂亮，我们常常能在农舍的壁炉架上看到它的倩影；不过它对于农业却是毫无价值，相反，抖草多了，反倒表示那块土地很是贫瘠。

青草的圆锥花序

我们现在找见了无芒早熟草地禾，还有树篱臭草，它那细长叶柄上的圆锥花序和小穗则是微微地下垂着。这是一种柔软的草地禾，你们感受一下，它的圆锥花序是多么光滑啊。这个则是燕麦状草。

"那种很高的，常常长在水边的是什么草？"威利问道，"它

099

比你还高，还垂着深棕色的花头。"

不用说，你指的是我们常见的苇草。它现在还没到花期，等到八九月份你就能看到苇草的花了。这种草漂亮迷人，虽然对农民来说没多大用，不过小鸟总可以在它的茎上歇歇脚，而苇莺也常常拿它们当支撑窝的柱子。还有一种很高很漂亮的草，你们一定不能忘了，我们常常可以在河岸或湖堤边见到，我说的是草芦草，而这种草通常在七月中旬开花。你们知道的，我们的花园里有绶草，它的叶子上缀满白绿相间的条纹，那些条纹的宽度各不相同，所以我们永远都不可能找到两片完全一样的绶草叶子。

"对对，你说的没错儿，爸爸，"梅说，"我对它倒是很熟悉呢，你知道，我们经常把它和采来的花插在一起摆放在客厅的桌上。"

嗯，这是唯一一种人工栽培的草芦。有时候，我会让一丛绶草（也叫蔺草：北半球的一种草类，草芦的变体，叶片有白色条纹——译注）恢复本性，就像在田野里一样，结果它们的叶子全部长成了绿色。大甜茅也长得很高，十分好看。牛很喜欢吃大甜茅，它喜欢长在潮湿的环境中，尝起来味道是甜津津的。

"有时候，"梅说，"我会看到一种十分美丽而奇特的草，长着毛茸茸的黄尾巴，它常用来装饰房间。"

那是针茅，是一种非常罕见的草，我们这儿很少有野生的针茅。那个黄色的长尾巴是芒，很像一片细嫩的羽毛。这儿还有一种气味芬芳的香草，拔一根尝尝，你就会知道它们的味道有多好了。与其他任何草相比，它最能让干草地（种植苜蓿和制作干草用的草的田地——译注）弥漫着迷人的香气。

"那边一块田地的转角处，有一个清澈的小池塘，咱们上那儿看看吧，兴许能找到些什么东西呢。"威利说道。

好吧。这个池塘极可能生活着许多有意思的生物。不过，我们还是先来看看池塘里和池塘边上的植物吧。这儿长着好几种莎草呢——莎草目的植物都很漂亮。就目前而言，只要能认出它们的大致样子，你们就应该对自己感到满意了。采折莎草的时候要格外小心，因为有一些莎草的叶子和秆都很硬，要是使劲拽的话，你的手可能会被严重割伤。

"呀呀，爸爸，你快来这儿，"梅说，"这儿有一种花，我不认识，你看它是不是很美？"

的确，这是一种让人喜爱的植物，它是巴克豆，也叫沼泽三叶，通常生长在一些泥泞的地方，就像这株一样。你们看这三个绿色的叶片，和普通的豆角无异——因此它就得了一个巴克豆的名字。再来看这簇花，有的花还没有完全绽放，颜色是可爱的玫红，其他完全盛开的花则有着一圈白色的丝缎般的边缘。咬一小段，尝

巴克豆

尝它的味道有多苦。

人们常采集睡菜的根作补药。我认为在一些国家，比如挪威和德国，人们就常用这种叶子代替啤酒花去酿酒，一盎司睡菜的效果和一磅啤酒花的效果相当。

已故的威廉·胡克爵士发现冰岛的睡菜尤其多，他说睡菜是湿地旅行者的福音，生长睡菜的地方对旅行者很有用，因为他们知道，睡菜的根须紧紧密密地缠在一起，这就给旅行者铺了一张安全垫，让他们得以安全通过湿地。

这是多毛薄荷，大约有一英尺高。你讨厌这个味道吗？我是觉得这个味道让人很舒服。现在还没到多毛薄荷的花期，不过再有六星期左右它就要开花了。喂！杰克，你怎么了？

"爸爸，我只是……被这讨厌的荨麻绊倒了，给狠狠地螫了一下。"

有意思。你知道荨麻是怎么螫你的吗？

"噢，爸爸，"杰克一脸痛苦地说，"你就像预言里那个男人，他对着快要溺水的男孩讲课，男孩则请求他先把自己从水里救出来再讲。你现在还是先告诉我该怎么治这蜇伤吧，然后我才有心思知道它是怎么蜇疼我的。"

疼劲很快就过去了，我也不知道有什么治疗的方法。上学的时候，我听说可以用酸模叶在蜇伤的地方反复涂抹，但我从来都不觉得这个方法管用。现在，请尤其注意我下面的话，你们知道什么是"野荨麻"吗？我的意思是，你们知道我说的是什么植物吗？所谓野荨麻有红、白、黄三种。你们记得那三种荨麻花的形状。现在你们再瞧瞧这株真正的普通荨麻的花，它们的花是不是很不像？你们看，这丛长长的、带分叉的荨麻开着小绿花，这和野荨麻的唇形花简直是风牛马不相及呀。

不过，真荨麻和所谓"野荨麻"之间也确是有些共同之处，比如白色野荨麻的叶子和这种会蜇人的荨麻叶子就很像。不过，

荨麻

野荨麻

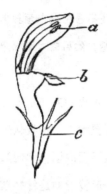

唇形科植物
a. 雄蕊　b. 花冠　c. 花萼

白色野荨麻其实和真正的荨麻一点亲属关系也没有，而是属于另一个族，叫做唇形族，这个名字来自于拉丁词"Labium"，意思是"一片嘴唇"，指的是花冠的形状。小杰克，现在，疼痛好些了吗？

"嗯，疼得没那么厉害了，你瞧我手背上鼓起了好大的一个包。"

荨麻的刺在显微镜下看起来很奇特而有趣。荨麻刺长着一个空心的管子，管子底部有个腺体组织，而就是在那腺体组织里面，装着能刺痛皮肤的刺激性液体。刺的细尖或者说细毛刺破皮肤，压力则迫使这种刺激性液体从细毛的末端涌出来，然后经由刺梢上的尖头进入伤口。

外国的荨麻毒性更强。东印度有一些品种的荨麻，如果不小心碰到的话，后果将不堪设想。起初，就像被烧红的铁块烫了一样疼，此后疼痛加剧且持续数日。一位法国的植物学家曾被加尔各答植物园的一种荨麻刺到，他说当时疼感蔓延到脸的下半部分，他疼得不敢合上下巴，直到九天后疼痛才消失。

胡克博士在尼泊尔看到过一种巨大的荨麻，那是一种十五英

尺高的灌木，当地人叫它 Mealum-ma。可
是当地人都对这种植物敬而远之，胡克博
士简直没法说服他们帮忙砍倒一棵。胡克
医生收集了几个标本，小心翼翼地没让皮
肤碰到荨麻。可即便如此，这种"没有气
味的恶臭"还是让胡克博士接连几天都不
舒服。"荨麻刺能造成严重的感染，而雷
布查人宣称要用 Mealum-ma 惩罚小孩，
这绝对是最具威慑力的。"另外，帝汶岛
（马来群岛中的一个岛——译注）的荨麻，
也叫鬼叶，它的刺有时甚至有致命的后果。

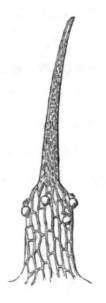

荨麻的刺
（放大后）

105

　　在澳大利亚偶尔会看见二十五英尺高
的树荨麻。我们英国有三种螫人荨麻——
大荨麻、小荨麻和罗马荨麻。前两种很是常见，最后一种却实在
罕见。关于罗马荨麻的传入，还有个很离奇的故事呢，反正信不
信由你们定。传说尤利乌斯·恺撒统治时期的罗马人，认为前往
英格兰一定要十分谨慎——因为他们对于英格兰的严寒耳闻已
久——于是他们设法得到了一些罗马荨麻的种子，打算到了英格
兰就把这些荨麻种子种在地里；于是乎抵达肯特的罗姆尼时，这

些罗马人便在英国的土地上撒下了罗马荨麻的种子。

"那么，这有什么用呢，爸爸？"威利问道，"在天气寒冷的英格兰，荨麻对他们来说有什么用呢？"

他们打算用荨麻让自己打起精神，于是擦痛皮肤从而更能忍受严寒。罗马人一定有着厚实的皮肤，因为罗马荨麻的毒性比另外两个常见的品种可厉害得多。我想，这个故事应该是卡姆登讲出来的，我说过，对于这个故事，你们可以信也可以不信。

小龟甲蛱蝶的幼虫、蛹以及成虫

你们看到那只在荨麻附近徘徊的龟甲蛱蝶（也叫荨麻蛱蝶，是一种色彩鲜艳的蝴蝶，分布在欧洲的温带——译注）了吗？它的幼虫是一种长着黄色条纹的墨绿色毛毛虫。幼虫阶段的蛱蝶完全靠着荨麻的叶子过活。另外一些蝴蝶的幼虫也以这种植物为食，比如海军上将蛱蝶和孔雀蛱蝶。今年春天我吃过这种普通荨麻的新芽，和菠菜的味道差不太远。

　　池塘边上的黄菖蒲长得多么漂亮呀。你们瞧，那儿是常见的分叉的黑三棱，叶子是剑形的，花头则圆圆的。再看过去一些，池塘的正中央长着漂亮的茨菰，它有引人注目的箭形叶，花是肉色的，叶子和花高出水面几英尺。在水里，我还看到了眼子菜那抱茎生长的棕色叶子；叶子几乎是透明的，不沾水的时候看起来就像是金匠的皮肤。我也看到了那一簇圆柱形的金鱼藻，鬓形叶上面常常会有几重的分叉，这种金鱼藻完全长在水下。还看到一种双栖蓼花，像钉子一样直插在池塘中。

　　这些就是池塘中最引人注目的植物啦。这儿似乎还有一些淡水苔藓虫，水里面鲜少再有比它们更美丽的"房客"。蓼叶上就有一只很小的苔藓虫，你们看到了吗？我把它放进瓶子里了。现在你们看，它是最近才从圆形卵里孵化出来的，苔藓虫圆卵的边缘还长着一圈模样甚是奇怪的钩子。

　　它叫 Cristatella（小盏苔藓虫属）。心形外表覆盖物的下面目前来看还只有三只，但是这三只苔藓虫的下面又会冒出三只，然后每一只新长出的苔藓虫下面又继续冒出来三只；到最后，这个一英寸见方的地方将会成为六十只苔藓虫的群落。每只苔藓虫的嘴巴都长在触角的中间，每一边的触角上都有许多极细的毛，也叫纤毛，这些纤毛你们应该记得，我以前跟你们提到过。

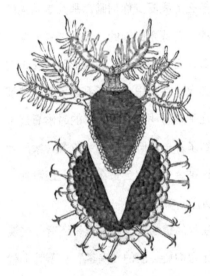

小盏苔藓虫属（放大后）

这群生物是米黄色的，有时候是棕白色。这种小动物，或者说这群小动物，长得非常的小巧玲珑，虽然事实上每个"房子"里住着好几个生物，但是每个"房客"和邻居都是分开的，彼此独立。在清澈的池塘和水磨贮水池里，你们常常会发现其他形状的苔藓虫，有时候你还以为自己看到的是一大团海绵，让你错以为那是某种植物蔓延的根须。可是，当你把这团海绵或根须放进水里，你就会看到许多的小东西从海绵团上或根须的小孔中探出脑袋和触角。

啊，我们又找见了什么？你们看到离我们一码的水上，漂着的那些窄长彩带一样的水草了吗？你们注意到了吗？有些彩带上到处都是弯曲或折痕。信不信，水草的每个折痕处都能找到一个蝶螈的卵。我们弄点草带上来吧。

现在，我顺着折痕将它打开，你们会看到一种透明的蛋白状的物质，里面就有一颗圆圆的淡黄色卵。这儿又有一个。雌蝾螈也常常选择在蓼叶上存放自己的卵。你们看这儿有片打褶的叶子，褶皱之间藏着又一颗蝾螈卵。我从来没见过蝾螈产卵，但我相信，如果在五六月份，把雌蝾螈连同一些蓼叶放在盛了水的容器里，应该很容易观察到它的产卵过程。

贝尔先生说:"（蝾螈）卵存放的方式很有趣也很特别。雌蝾螈挑选一株水生植物的某片叶子，然后蹲在这片叶子的边缘，利用自己的后脚把叶子折起来，再把卵放

蝾螈

进叶子的折缝处；从而叶子的两半就很牢靠地粘在了一起，蝾螈卵也就可以免受伤害。雌蝾螈通过这种方式一存好卵，它就会离开这片叶子；等再过一段时间，它就会挑选下一片叶子来存放下一颗卵。"

这些卵要经历各种变化。处于生命初期的蝾螈，脖子两边

各有一对精巧的器官，那是一对原始的鳃，小蝾螈就是靠它呼吸的。早期时候，这对鳃只是简单的两个小片，我应该说，最初的一对鳃片被当成了把手，小动物利用它把自己附着在叶子或其他东西上。不过等它长到三周大的时候，鳃就有了很多叶片状的分支，看起来像美丽的羽毛流苏。蝾螈鳃片中的血液循环在显微镜下也可以清晰地观察到，这能带给观察者极大的愉悦。

慢慢地，蝾螈的四条小腿冒了出来，鳃变得很松，不过松了的鳃并没有脱落而是被身体吸收了。在此之前，它都是靠着鳃呼吸，那么，没有了鳃它又该怎么呼吸呢？原来，蝾螈身体里的肺器官已经渐渐长大，能够呼吸空气了。等到蝾螈进入了完全发育阶段，你们知道的，它大部分是算陆地动物了，用肺呼吸。而在"蝾螈鱼"的幼期阶段，它们就像鱼一样呼吸溶解在水中的空气。如果你看到有很多蝾螈的池塘，你会发现成年的蝾螈经常性地游到水面，呼吸一大口空气，然后又沉回水底。成年蝾螈并不轻易离开水，除非是为着产卵。

秋天，幼年的蝾螈已经做好离开池塘的准备，但我常常在深冬还能从水中捞到腮部发育完全的小蝾螈。也许那些小蝾螈是夏天较晚时候才孵化出来的，肺还来不及发育，所以不得不留着腮，像鱼一样在水底过冬。

"人们常常把蝾螈叫做
'索求者'，爸爸，"威利说，
"村里的孩子们抓到蝾螈的
时候总会杀了它们，他们说
被蝾螈咬一口就会中毒。"

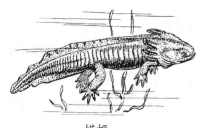

蝾螈

我本不想说什么，可是，认为被蝾螈咬了就会中毒的观念真
的是不对的呀。你自己也处理过许多的蝾螈标本，我敢肯定，你
从来没见过哪只蝾螈试图咬人吧。我根本就不相信它们的小牙齿
和无力的颚部能够刺穿皮肤。我们英国有过记载的蝾螈有四种
——常见的两种是滑螈和瘰螈。我认为，有一次我在伊顿附近发
现了长着脚蹼的蝾螈，这种蝾螈的雄性个体与其他蝾螈很不一样，
它的后腿是带蹼的，而且尾部末端还缠着细丝或细线。

"这是什么？爸爸。"杰克问道，"我发现它们粘在这棵水
草的根上，看起来挺像是某种生物的卵？"

那不是卵，而是一种虽然常见但却美丽的甲虫的茧，这种甲
虫叫做金花虫。瞧，我用折叠刀划开了一个。茧内有个白白胖胖
的蛆一样的东西，它尾巴末端有两个奇怪的小钩子；它才刚刚给
自己弄了个安身之所，打算要从幼虫进入蛹的阶段。

你们看，这些根须中间还有别的蛆虫，它们还没有做茧。我还要再划拉开一些，呀，这儿有一个成蛹，还有一只甲虫眼看着就要从蛹壳里钻出来了。金花虫有着金属般的外表，无论是蓝色、红色、古铜色，还是紫色，它们看起来都十分美丽。它们的腹部覆盖着丝一般的绒毛。人们经常能在水草上找到大量的金花虫，它们懒得动弹，所以人们可以轻易地用手把它们附着的那些植物拔出来。

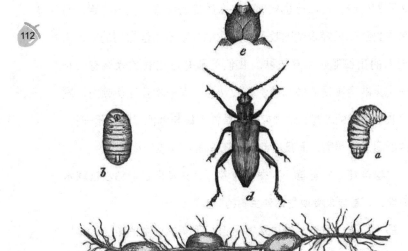

金花虫
a&b. 幼虫，c. 根上的茧
d. 甲虫（低倍放大）e. 幼虫的头部

你们注意到了没有？几乎在你们拔的每一棵水草上都能见到一些肥肥的棕色或黑色的小东西。这些是涡虫，虽然它们的外表不怎么讨喜，但研究起来却是极为有趣的。这些大大的颜色微红或椭圆或正圆的

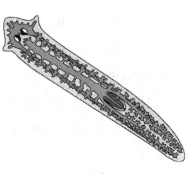

涡虫

茧就是它们的卵。我们找到的这只涡虫，在它所属的科目里是体型最大的。它有着乳白的颜色，还有着树一样的美丽而娇嫩的肢，有时候这种涡虫会呈现浅粉的颜色。嘴巴的位置也很特别，其他动物的嘴巴通常位于身体前端，而它的嘴巴却在接近身体中心的位置。

瞧，我把这条白色涡虫放在自己手上。你们注意到上面的突起物了吗？或许你们会说那是它的舌头。然而，那并不是舌头，而是一个非常结实而有力的吸管，这和涡虫其他软软的部分不太一样。靠着这根吸管，涡虫可以刺破其他动物的身体，然后吸取它们的体液。我曾经观察过一些涡虫，我发现它们竟然还会把吸管插进彼此的身体。这些黑色和棕色相间的涡虫常常吃乳白色的涡虫。

它们和水螅有点像，同样具备断肢再生长的能力。把它们切成两段甚至更多段，每一段又都会长成一只完整的涡虫。你们看到的这些涡虫，它们并不在水中游动，而是在水中植物的表面蠕动或滑行。不过，有一些涡虫却不太一样，它们可是游泳好手。

　　我们今天走了好远的路，并且收获颇丰。现在，咱回家吧。

六月漫步（下）

今天早上出门散步之前，我们先去瞧了瞧昨天带回家的一只刺猬。昨儿晚上我们发现它趁夜悄悄爬进了一个装了许多麦麸的袋子里，另外还带着四只小刺猬。刺猬妈妈带着四个小淘气在那儿要多舒服有多舒服。小刺猬的样子也是非常古怪，它们的脊柱或者说刺骨几乎是白色的，软软的，而且它们的刺并不是遍布全身，而是一排排向下排列。小刺猬看上去就像那种拔了毛的叫做"便士"的小鸭子。它们完全看不见东西，耳

刺猬

道也是闭合的，发出的声音甚是微弱，就和小狗的叫唤一样。

　　我很想试着养这几只小刺猬，但又对刺猬妈妈有些担心，因为试图养小刺猬的人通常会发现，刺猬妈妈会吃掉它的幼崽。于是，我们把刺猬妈妈和小刺猬们一起挪到了另一个地方，给了它们许多的稻草，还给大刺猬准备了面包和水。布冯说过，他曾经多次把小刺猬和大刺猬关在一起，大刺猬不但没有爱抚地舔它们，反而把小刺猬都给吃了，而且还是在食物充足的情况下。不过，我们还是决定要给小家伙们一个机会，希望刺猬妈妈能善待自己的孩子。所以，我们也没有打扰它。

　　威利想知道刺猬是否有害。"你知道，爸爸，"他说，"乡下的男孩子和猎场看守人一逮着机会就会杀死它们。"

　　我确信刺猬给我们带来的好处多过坏处，因为它们消灭昆虫、鼻涕虫、蜗牛、田鼠和农田里的其他害虫。一些没怎么受过教育的人会有些愚蠢的想法，他们认为刺猬会吸吮奶牛的牛奶。这种荒谬的想法只会让人觉得好笑，不过我是觉得，即便是这些荒谬的毫无事实根据的观念，你却怎么也说服不了他们。无疑，刺猬会给鸟蛋带来灾难，所以我们也可以理解猎场看守人的心情，他们也许是为钟爱的鹧鸪和野鸡鸟蛋的安全而担心。我想，这也是人之常情。不过，我觉得刺猬或许很少会去那些鸟的窝里捣乱，它们在这方面并不会造成多大的破坏。

"可是爸爸，你知道，"杰克说，"它们还会吃幼鸟呀。你不记得了吗？有一次我们把一只死麻雀给了刺猬，只见它急冲冲恶狠狠地朝死麻雀走了过去，除了鸟毛，它把死麻雀吃得一点不剩。"

"是啊，"威利补充道，"你难道也不记得吗？我们曾经把一只癞蛤蟆和一只刺猬放进同一个盒子里。噢，那只刺猬看起来可生气了，它疯狂地摇晃那只可怜的癞蛤蟆，不过，它似乎不太喜欢癞蛤蟆的味道，所以很快就停战了。"

刺猬当然会伤害小鸟，但我们必须记住，要把好的方面和坏的方面两相比较，然后再权衡。就如我说过的，刺猬的情况是，它的益处大大多过害处。刺猬特别喜欢甲虫，捉甲虫的时候可认真了，它们咬破甲虫壳时的高兴劲儿就跟你们这些小家伙弄破栗子壳时一样。有时候，刺猬钻进人们家中是为了吃蟑螂，而厨房里的蟑螂多得是。

刺猬有时也吃蛇，已故的巴克兰德教授曾有个契机，可以验证刺猬有时

刺猬

会以蛇为猎食对象这个说法。他得到了一条普通的蛇和一只刺猬，并把它们装进同一个盒子里。刚开始看不太清楚刺猬是否认出了自己的敌人，但是蛇没有立即从刺猬身旁爬开，而是在盒子里缓缓地绕着圈蠕动。刺猬仍然蜷缩着身体，似乎并没有看见蛇。

教授于是把缩成球的刺猬放在蛇的身上，让刺猬球的头尾相接处向下垂着，和蛇触碰。蛇开始爬行，刺猬也稍稍舒展开身体，它看到了身下的蛇，狠狠地咬了蛇一口，马上又蜷缩成一团。很快，它又张开了一次，然后又一次，每次都对着蛇咬上一口。然后，刺猬站在蛇的一侧，让蛇的身体从自己的颚部一点一点地顺过去，每隔半英寸或更长一点就张嘴咬一口蛇骨，经过这个"手术"后，那条蛇一动也不动了。然后，刺猬爬到蛇的尾巴尖上，就像人吃萝卜一样，开始从后往前吃；刺猬吃得很慢，却没有一丝停顿，直到一半的蛇身被吞下。到第二天早晨，剩下的半截蛇身也被吃了个精光。

把很小的刺猬幼崽当做宠物倒是很有意思的，用不了多久就能把它们驯服，还允许你摸它的脸颊。你们还记得吧，我们曾经把一只刺猬放在书桌上，看它怎么下地。然后，它走到桌沿上，半蜷着身体滚了下去，包裹全身的那些有弹性的刺，让它们能够安然坠地，轻松承受落地时的震动。

　　我们再去湿地走一趟吧，去看看高架渠附近苇塘里的水姑丁和水鸡。你们看到白杨树枝上的大山雀了吗？它正对一只小莺实施暴行。看，它正在使劲地敲打那个可怜小家伙的脑袋，想要吃到它的脑浆。

　　"这儿有没有屠夫鸟（即伯劳鸟——译注）呢？"威利问道，"就是那种把猎物钉在刺上，然后啄肉吃的那种鸟？我们见得到吗？"

　　我们英国已知的屠夫鸟共有三种。其中两种很少见，我们散步的时候不大可能遇见，但我还是会讲讲它们的事。不过，我没有得到这种鸟的一手知识，所以我必须从其他来源获取信息。大灰伯劳、红背伯劳和林伯劳就是在大不列颠发现的三种伯劳科鸟。红背伯劳是其中相对常见的一种，它们四月来到这里，九月离开。

　　约翰·萧先生跟我说过，每个春天，红背伯劳都会到什鲁斯伯里（英格兰西部城市，即萨洛普——译注）的石场，早起去那儿的人很容易见到它们。亚雷尔先生说，大灰伯劳是唯一偶尔会到英国来的伯劳鸟，通常春秋之间能逮到它们。家鼠、鼩鼱、小鸟、青蛙、蜥蜴和大昆虫都是它的猎物。

　　"杀死猎物以后，它把猎物的尸体固定在树杈或尖刺上，以便从猎物身上撕下更多小片小片的肉。"一位绅士曾经在笼子里关了一只大灰伯劳，他是这样说的——"一只年龄较大的大灰伯劳鸟，"他说，"是 1835 年 10 月在诺威奇附近逮到的，被我关了一年之后，它变得非常听话，还会从我的手心里啄东西吃。如果给它一只鸟，它就会把鸟的脑壳弄破，通常是从头部吃起。有时候它会像鹰一样，用爪子抓着鸟然后把鸟撕成一块块。不过，它似乎更原意把鸟的一部分尸体横穿在鸟笼的笼条上，然后再撕扯。它总是把吃剩下的部分挂在鸟笼的一侧，常常一天要吃三只鸟呢。春天的时候伯劳鸟会格外吵闹，它的叫声和茶隼有点相似。"

这是一种狡猾又大胆的鸟。据说，它能模仿其他一些小鸟的叫声，把它们吸引到自己附近，然后朝上当的小鸟猛扑过去。外国的养鹰人利用伯劳来诱捕猎鹰，养鹰人把伯劳绑在地上，有老鹰靠近的时候，伯劳就会大声惊叫，给藏着的养鹰人发出讯号。在有关伯劳的图片中，你们会为它的弧线型鸟喙而惊

大灰伯劳（也叫屠夫鸟）
和它的猎物——鹩鷯和蓝山雀

120

叹，因为那实在太适合割肉了。

"红背伯劳鸟时常在树林和高高的植物篱里出没，通常都是成双成对，而且它们经常停栖在某棵独株灌木的最高枝上，注视着猎物的一举一动。雄伯劳偶尔会'布谷，布谷'地叫，和麻雀的叫声没什么两样。它还能模仿小鸟的声音呢。"亚雷尔先生说，"红背伯劳鸟以老鼠为食，也吃鼩鼱、小鸟和各种昆虫，尤其是常见的鹀鸟。曾有人怀疑伯劳鸟的攻击倾向以及杀死小鸟的能力，但人们已经见识过，那么大的雀类它都能吃掉；而且伦敦捉鸟人用捕网捉住它时，它常常是在重重敲打上当的小鸟猎物。"

而休伊森先生说："看见一只红背伯劳在树篱中忙活，待走近后，我发现它正忙着给小鸟'做手术'呢——一只小鸟被牢牢地钉在一根钝刺上，脑袋已经被撕掉了，身上的毛也已经全部被拔光。"

"树篱坡上有好多好多的小瓢虫，"梅说，"红红的小瓢虫都快给地铺上红毯了。"

是的，这种瓢虫很常见，但十分漂亮。你们看，瓢虫的红色鞘翅上有七个黑点，每个鞘翅上各有三个黑点，排成一个三角形，而最上方两片鞘翅相合的地方还有一个黑点。

"这些昆虫有害吗？爸爸，"威利问道，"你说过许多昆虫都是有害的，我真希望这些小瓢虫不要干坏事呀。"

瓢虫

那么，我要很高兴地告诉你，它们不但漂亮，而且非常有益。你们都知道蚜虫吧，就是那种绿色或黑色的讨厌飞虫，常常爬满许多树木和花的枝叶，蚜虫最爱干坏事了。那么呢，无论是在幼虫时期还是长成甲虫以后，瓢虫都在吃这些害虫，从而对这些破坏性极大的虫群起到抑制作用。我常常看见瓢虫嘴里咬着一只蚜虫。瓢虫的幼虫是一种奇特的蛆虫，长着六条腿，大约是三分之一英寸那么长，你们可能会在夏末或秋季时常和它们照面，幼虫也喜欢吃蚜虫。柯提斯先生说两只瓢虫能在二十四小时之内把两棵天竺葵上的蚜虫消灭干净。

我们现在看的这种瓢虫叫做"七星瓢虫"。还有一种相当常见的瓢虫，每个鞘翅的中央各有一个黑点。这种虫有相当多的变体，它们被叫做"两星瓢虫"。还有一种瓢虫你们可能也经常见到，小小的黄黄的，两个鞘翅上各有十一个点，所以叫做"二十二星瓢虫"。瓢虫是一种非常优雅的小家伙。

很有意思的是，由于对某种特定动物的观察，反倒让自然学家坚定了自己热爱的研究领域。戈尔德先生说过，他第一次萌生研究鸟的想法缘于他父亲曾把他举到高处，让他观察篱莺的巢。巢里那美丽的蓝色鸟蛋让他惊叹不已，也引着他将自己的一生时光献给鸟类学——也就是关于鸟的学问。如果我没记错的话，科比也是因为注意到一只小瓢虫的惊人生命力，才开始研究起昆虫的。那只瓢虫在烈酒中浸泡了整整二十四小时，可是一把它从酒里取出来，它竟然振振翅呼啦一下就飞走了。

"有一首和瓢虫有关的摇篮曲，"玛丽问，"它的歌词是什么意思呢？'瓢虫，瓢虫，快快飞回家，你的房子着火了，你的孩子要烧伤？'"

确实，我也说不好它的真实含义。不过这首歌还有许多不同的版本，有一首是这样的：

瓢虫，瓢虫，快快飞回家。
你的房子着火了，你的孩子还在家，
只有一个还活着，它在石头下，
——飞回你的家，它就要毁啦！

123

约克夏和兰卡夏的版本是这样的：

瓢虫，瓢虫，飞回你的家，

你的房子着火了，你的孩子在流浪，

只有小小南，坐在锅子上，

双手动得快，急急绣金边。

瓢虫的名字"Ladybird"（圣女鸟），也叫 Lady-cow（圣母奶牛），一方面是表示对这种昆虫的尊敬，另外也是表彰它对圣母玛利亚所做过的贡献（传说中，农民因庄稼受虫害而向玛丽亚祷告，后来出现了一些瓢虫，迅速消灭了所有的害虫——译注）。在斯堪的纳维亚半岛，这种小甲虫也被叫做"圣母的钥匙女仆"，瑞典人将瓢虫叫做"圣母的金母鸡"。在德国、法国、英格兰和苏格兰，瓢虫也受到同样的敬重。而在诺福克（是英国东部北海之滨地区——译注），人们叫它巴纳比主教，少女们则会把瓢虫放在手掌心上，背诵下面的顺口溜，直到它振翅飞走。

主教，巴纳比主教，我的婚礼是何时

如果是明天，请你展翅高飞起

飞到东，飞到西

飞到我心上人那里。

　　我们现在来找找水姑丁和水鸡吧，它们喜欢在池塘的水草间戏水，喜欢隐藏在茂密的树篱和香蒲中。你们看那只雨燕，也就是乡民们说的"告密者杰克"，它从我们身边掠过时速度多快呀。之前我们看到燕子和崖燕，还想到雨燕呢，这些你们应该还记得吧。雨燕那镰刀形的翅膀简直是美得不可方物，你们瞧，它的尾巴有些轻微分叉，但由于这种鸟能够把羽毛拢起来，所以有时你就无法看到尾巴上的分叉部分。

　　我注意到雨燕通常是在五月五日左右在附近露面。前些天，圣约翰·萧先生跟我说，他四月二十三日就在什鲁斯伯里瞧见雨燕了。虽然雨燕是所有燕子科动物里最晚回到我们这儿的，但它同时又是离开得最早的。八月中旬之前，大多数雨燕就会飞离我们这儿。

　　这种鸟的腿尤其短。我记得自己还是个学童的时候，曾不止一次从地上捡起和放飞过雨燕，因为雨燕的翅膀很长，腿却极短，如果不把它举到高于地面的地方，它就很难飞起来。

　　倘若手头有只雨燕的话，我就可以给你们指出它的鸟足结构

水姑丁

和燕子科其他的鸟有多么不同。其他燕子的四个脚趾有三个在前，一个在后，而雨燕的四个脚趾则全都朝着前面。还有一种白腹雨燕，在我们这儿很少见到，它比普通的雨燕要大，翅膀长得多，飞行速度也更快。

听！我听到水姑丁在池塘芦苇中穿行走动的声音。我敢保证，如果我们能做到一动不动，一定可以瞅见水姑丁。它来了，快看，它后面还跟着许多小水姑丁。如果我们离得够近可以细细看的话，就会发现这是些毛茸茸的黑色小东西。大鸟的前额有一块是白色的，没有毛，所以水姑丁也叫秃头水姑丁。

现在，它面朝着我们这边，闪闪的阳光中，你们可以看到水姑丁额头那一块白色。水姑丁的身体是有些脏兮兮的黑色，还夹杂着少许深灰色；留心看的话你们还会发现它的翅膀附近也露出一点白色。水姑丁双足较为奇特，它有四个脚趾，每个脚趾都有一部分蹼，在一层薄膜的包裹下形成了一个个圆片。水姑丁的爪子十分尖利，如果你握的时候不小心，它会毫不犹豫地让你尝一下利爪的厉害。所以豪克上校这样提醒年轻猎人——"小心长翅膀的水姑丁，否则它会像猫一样挠你。"

我从没见过水姑丁潜入水下，我觉得它们应该很少下水。而大家都知道，水鸡则是经常潜水。

那只大鸟正拖着池塘中的一些水草，那是给幼鸟吃的。鸟妈妈对自己的幼鸟可真是无微不至地照顾呀。幼鸟的脑袋几乎是光溜溜的，身上的毛发则是亮橘色的，中间杂糅着一些蓝色。不过，那些鲜艳的羽毛只能持续几天。水姑丁的巢则是用碎芦苇和菖蒲搭就，隐藏在高高的灯芯草丛中或水边。

比维克提到过一个小故事。一只水姑丁在灯芯草中搭好了窝，后来却被风吹松了。所以啰，这个巢就只能在水面上随波逐流，一会儿这边一会儿那边地移动；而雌鸟仍然像平常一样卧在窝里，在移动的住所里孵出了自己的幼雏。看，它们现在都离开了，藏到了芦苇丛中。夜深时，它们会来到开阔的水面上，而白天想一睹它们的尊容还真不是那么容易。

这里的芦苇池塘中泽鸡（即水鸡）非常之多，它们没有水姑丁那么温顺，据说它们会欺负小鸭子。有一只泽鸡游过来了，它那下部略微发白的尾巴正高高地翘起，头却是低垂着的。泽鸡比水姑丁要小，虽然它们外形和习性很是相像，

127

水鸡

但是，二者的足却完全不同。泽鸡的脚趾上没有包着一层有开裂的薄膜，它们的脚趾是由一层窄窄的不间断的薄膜连接起来的。很多人都知道，泽鸡为了往巢里多放几只鸟蛋并重新摆放鸟蛋，它会把卵从巢里取出来。

塞尔比先生讲过这样一个有趣的故事。

"1835年初夏，一对水鸡在贝尔斯山的一个观赏用的水池边筑了巢。水池的池面很宽，池水自高处的一个泉眼喷出，但有时候也会从另一个大水塘里流进水来。而就在雌鸟孵卵的时候，水流突然从大水塘里流了进来。水鸡筑巢的时候，水池的水位还比较低，可是突然从大水塘里涌入的水流一下子让水池中的水位升高了好几英寸，眼看着就要淹没鸟巢，那么正在孵化的鸟蛋也将不保。这两只鸟似乎已经知道这一点，并立即采取措施应对即将发生的危险。

当时有一个园丁——我敢担保他说的是真的——看到水面骤

升，便想过去瞧瞧情况，他当时觉得待会肯定是一番巢翻蛋毁的景象，至少水鸡会弃巢的。园丁站在较远的地方，就看见那一对水鸡都在塘边鸟巢那儿忙碌着，待他走近，他分明看到，两只水鸡正以最快的速度往巢底垫一些新的东西，让鸟巢能够高出已升高的水位，而它们也已经把鸟蛋从巢中转移了出来，放在距离水边一英尺开外的草上。园丁就在旁边注视了好一阵，亲眼看着鸟巢被迅速垫高。

"不过，我要补充一点，虽然这很遗憾，当时园丁害怕惊动它们，所以并没有在一旁待得太久，也就没能看到水鸡把鸟蛋重新放回巢的有趣举动，而这个举动必然也对之后发生的事情产生了影响。过了不到一个小时，园丁又回过来看，发现泽鸡已然静静卧在已经垫高了的巢里孵卵。几天后，幼鸟破壳而出，如同惯常的情况，幼鸟离开巢跟着鸟妈妈一起下了水。之后不久，园丁就让我看了留在原地的巢，我很容易就能看出旧巢下有一部分是新添加的。"

水鸡

"水里的那只小鸟是什么

129

鸟？"杰克问，"噢，它突然就不见了，你看到它钻进去时搅动的水波了吗？"

虽然我没有亲眼看到它钻入水下，但是从你的描述来看，那是只黑水鸭无疑。我敢说，只要咱们保持安静，别发出什么声响，它还会再出现的。这会儿黑水鸭应该是在水草间一边划水一边寻找水生昆虫。这种鸟还有个名字叫"小鸊鷉"。我们英国发现有几种鸊鷉，大冠鸊鷉长得很清秀，常常在河边和湖边出没。不过英国的五种鸊鷉中，最常见的要数小鸊鷉。

鸊鷉

这些鸟的脚爪很是特别，跟你们看见的鸭掌鹅爪都不同，它的脚趾不是用蹼连在一起的，相反，足底的三个前脚趾是由一整片的薄膜包裹。小鸊鷉的小腿扁平，两条腿靠向身体后面，所以它们几乎可以直立起来。它的翅膀短小，很少用于飞行。不过，它们可是游泳和潜水的好手哦，而且是一种活泼美丽的鸟。

小鸊鷉的羽毛会随着时间而变化，现在是夏天，它的头、脖子和背部都是深褐色的，脸颊和脖子前面呈现深栗色，腹部则是白色的。到了冬天，之前的深栗色不见了，取而代之的是淡橄榄灰色，腹部仍然是白色的。以前，还有人把毛色变化前后的鹏鹏当成了两种截然不同的鸟呢。

正如戈尔德先生告诉我们的，小鹏鹏的巢是一个用杂草和水生植物精心搭起来的圆形筏子。幼鸟有着小巧的玫红色喙，身上布满丑角哈里奎因式的斑纹。"才一两天大时，小鹏鹏就十分活泼，而且是名副其实的水生动物。我们很难看到自然状态下的小鹏鹏，因为刚孵出来不久的幼鸟要么已经主动下水嬉戏，要么在出生后不到一小时的时候就黏在了父母的背上，跟着父母安全地潜水离开鸟巢了。"

戈尔德先生提过，有一次他和一个朋友远足钓鱼，那个朋友在浅流中射到了一只黑水鸭，当时黑水鸭正往下潜水。等到受伤的黑水鸭浮出水面，戈尔德先生用自己的捞网逮住受伤黑水鸭的同时，还意外地收获了两只黏在大黑水鸭背上的幼鸟。

小鹏鹏潜水的速度相当地快，鸟枪常常都打不着它；待到它们再次浮出水面时，"只把鸟喙的头露出水面，就连鸟喙，也通常是在几片水草或青草的掩映之下。"鹏鹏有一种甚为古怪的习性，它们会把腹部的软毛拔下来自己吞掉，也没人知道这是什么缘故。

132

"这种漂亮的粉红色花是什么花呢？"梅问道，"它的长茎向下垂着，叶子大体看起来是箭形的。它和花园里的旋花长得很像，我觉得它肯定就是旋花，只是更小一点。"

你说得很对。这是一株旋花，它的英文名字叫"Field Bindweed"（字面意思为长在地里、喜欢缠绕的草——译注），很形象地反映了这种植物爱好缠绕攀援的习性。瞧，它把这棵叶子很长的草缠得多紧呀。旋花非常漂亮，它有着粉红色的美丽花朵，花上有深色的褶皱，叶子是箭形的，而且气味芬芳，然而它却很是让农民头疼。其实还有一种更大的旋花，钟摆形状的花朵有时洁白如雪，有时布满粉红色条纹，有时几乎是纯玫瑰红的，常常能看到它们密密麻麻地缠在最高的灌木上。可是，两种旋花都会带来不少麻烦。待到九月，你会看到较大的那种旋花开花。

旋花

我必须得说，旋花科有一些成

员还是很有药用价值的。比如药喇叭和斯各蒙旋花，它们就被广泛作为药物使用，前一种长在南美，后一种则生长在叙利亚。还有一种叫做甜薯的东西，是一种旋花科植物的根，在中国、日本和一些热带国家，人们认为甜薯有益健康。同属一科的植物，然而特性却迥然不同，这可真是件让人费解的事。

七月漫步（上）

　　我们再去湿地里走走吧。越过一条小溪的时候，我们不约而同地停在了桥上，凝视桥下的潺潺溪水。四码开外的阴凉处有个什么东西？原来是许多深颜色的碎片，我一眼就认出那是最漂亮的淡水藻之一。我们要到桥下采一些来，就是附在石头表面那一簇簇的小东西。从水里取出来以后，这种植物无论看上去还是摸起来，都像是一团深色的果冻胶状物。我要取一片放进这瓶水中。

　　你们见过比它更美的藻类吗？这种植物有许多小巧的枝，每个枝如同串珠一样排列，有点像一串串排列的青蛙卵，而且那种胶质的浓稠度也和青蛙卵很相像，所以这种水藻就得了一个名字叫 Batrachospermum，意思是"青蛙的卵"。如果我们带一点蛙卵藻回家，然后仔细地把它铺在一张快要干了的纸上，再用针尖把这些串珠状的枝拨拉开，让它

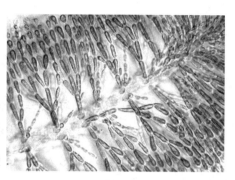

蛙卵藻

慢慢变干，这样你就能得到一个非常漂亮的物体。和你们想的一样，显微镜下的蛙卵藻最为迷人。

　　"你觉得，"威利问我，"把它放进我的鱼缸里会怎么样？"

　　有几次，我把蛙卵藻放进鱼缸。可它们只存活了几天，之后就渐渐失去了原来美丽的颜色，一片片碎裂开来。事实上，正如哈索尔博士所说，这些植物"大多生活在纯净的活水中，多见于外力不太大的喷泉、井水和溪流中"。因此，蛙卵藻只有在最纯净的水中才能长得茂盛，只有轻缓的水流才能保持它的生长和健康。

　　"这些植物极其灵活，"哈索尔博士还说，"四周的液体的最轻微的摇动都会让它们随之摆动，就像活的一样；另外，它们的动作无比轻盈无比优美。从水里取出后，它们会失去原来的形

状，就像是没有固定形状的胶状物；然而浸入水中后，枝条又会恢复原样。"

它们对纸片的吸附力很强，变干的时候颜色也会随之变换，而且变换的颜色通常较深；很长一段时间之后，你再把它弄湿，它又会恢复原有的鲜嫩模样。甚至可以很确切地说，标本即使放置若干年后，当你再将它们放入条件适宜的水里，它们还是能恢复最初的生机。我必须说，我并不相信这最后的论断。"

我永远不会忘记自己第一次见到这种奇特而优雅的水藻时，心情是有多么的欢快雀跃。多少人都无缘一睹它们隐藏着的美丽！它总是低调地生长在那些浓荫遮蔽的地方，只有走近了，细致地看才能发现那一簇簇胶状的细小枝叶。不过，这种藻在水流缓慢的浅溪中其实很常见，只要我们多多留意，便经常能在漫步的时候和它们不期而遇。

还有一些淡水藻亦是极其美丽的。就在这同一条溪流中，还有一条条绿色的长线状植物，它们是团集刚毛藻——我尽可能地少用很难懂的词，可是有时候却必须用它们，因为有许多生物都没有英文名字。这种水藻也附着在石头上，而随水漂流的部分有时能达到两英尺那么长。它和蛙卵藻一样喜欢纯净的水，不过我常常能成功地让它在鱼缸里活过两星期，而且是以最好的状态。

136

刚毛藻那清新的深绿色和优雅的外形，让它成为鱼缸水草的首选。我要弄一点上来。现在你们来看看它这美丽的枝形。

你们还记得吧，我在家里放着一个苹果大小的绿色

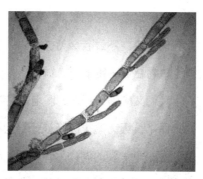

团集刚毛藻

圆球，其实，那个来自埃尔斯米尔的球就是一团刚毛藻。关于这种圆球的形成，哈索尔博士的解释是正确无疑的。他说："我认为这种形态的团集刚毛藻是这样形成的：新近的雨水使得山间某个溪流的水充沛起来，水流把团集刚毛藻从附着的地方冲了下来；于是它在水流中不停地旋转缠绕，最后形成了一个致密的球，这个球最终沉在了溪水最后注入的港池或水库里。人们就是在那些地方找到它们的。"

这儿有一些刚毛藻，它看起来并不是绿色而是深棕色的，这是因为它那长长的枝条上还长着一些别的水藻。瞧，我轻轻晃动瓶子，就有大量棕色沉淀物从上面落了下来，露出了刚毛藻的绿线。我敢说，这些棕色沉淀一定会让你们觉得非常有趣。回家以后，我会让你们看看这些藻类在显微镜下的样子，你们会看到许许多

多极美的形状。它们被叫做硅藻。我现在不打算跟你们讲更多有关它们的事，不过我会给你们看一张图片，让你们了解其中一些微生植物在显微镜下的模样。

我们又来到了野外的湿地。其实，这儿已经没什么真正"野外"的东西了，因为这里已经被开辟为极佳的牧场。许多年前，这儿也许是一个大湖的湖床。你们看，这儿的土壤是由厚度各异的泥煤构成，而泥煤下面常常是沙子和鹅卵石。似乎，这儿曾是一个长度超过十英里、宽度为三英里的大湖的湖底。金纳斯里村过去显然是个岛屿，不过你们可以看到现在的金纳斯里则被湿地环绕。所以，这一整片地区都曾经被水覆盖，而两百年前覆盖着它的是森林。

"噢，爸爸，你看到那个了吗？"杰克说，"一只鹰扑住了一只小鸟，并把小鸟带到了那棵冷杉树上，现在正在吃它呢。"

那是一只茶隼，是英国最常见的鹰之一，在我们这个地区也常常可以看到，尽管我很担心那些叫做"猎场看守人"的凶猛动物（此处是比喻用法，将猎场看守人比喻成凶猛动物——译注）将来会消灭这附近的每一只鹰。

"喔，可是，爸爸，"威利说，"它们不是伤害了许多的小鹧鸪和野鸡吗？猎场看护人当然不会愿意。"

茶隼

确实，我并不怀疑茶隼偶尔会抓一只小鹧鸪，但我敢说，老鼠才是它的主食，这一点我也很确定。人们也曾在茶隼的胃里发现过老鼠、鼩鼱、甲虫和蜥蜴等动物的残渣，而且我肯定，对这些潇洒迷人的鸟儿赶尽杀绝将是人类的一件大憾事。

"你常常会盯着一种在某个地点上空不断盘旋的鹰看，就是这种吗？"梅问道。

是的。由于这个习性，它还得了一个"浮风"的名字呢。茶隼伸展着尾巴悬在空中，而它的尾巴始终朝着风吹来的方向。我偶尔才能看到鹞子，倒是灰背隼不时就能见到，那是个美丽而英勇的小家伙。对于幼鸟来说，鹞子是比茶隼更为厉害的敌人，在养殖猎禽或家禽的地方，应该限制鹞子的数量，因为这些鸟实在是很大胆，它们会不时从家禽饲养场的上空掠过，瞅准机会就把小鸡掳上了天空。当老母鸡发现鸡窝上空有老鹰盘旋时，就会发出惊恐的叫声，你们可曾听过？

戈尔德先生给我们讲了一个和鹞子有关的趣闻，这个故事也跟他的一位朋友有关：

"三四年前，我驾马车前往多佛（Dover，英国东南部的港口——译注），突然，一只鹞子像猎鹰一样俯冲下来，袭击了离马头很近的一只百灵鸟。就像遭到猎鹰或雄性的鹰攻击后的松鸡和鹧鸪一样，这只百灵鸟掉到了地上。然而，鹞子全然没有抓走它的意思，反而自顾自地飞走了。我跳下马，捡起百灵鸟的身体和脑袋——它们已经完全分开了，足可想见鹞子俯冲下来的速度和力量有多大。我常常见到松鸡和鹧鸪的背部和脖子被撕碎，只剩下光秃秃的颅骨，但我之前从来没见过这种鸟头被拧断的情形。"据说，有一只鹞子曾在一个男人的双腿之间追赶一只雀鸟，还为了抓关在笼子里的鸟而撞穿了一扇窗户。

"那只超大的是什么鸟？爸爸，"威利说，"就是你去年十一月在伊顿附近看到的那只。它也属于老鹰一族，对不对？"

是的，我确定那是一只普通的秃鹰。虽然它不会允许我离它太近，但我还是隔着一段距离观察了它一段时间。它在一棵树上停留一会儿，然后慢慢飞走了，也许是飞回之前停留的某棵树上。秃鹰不像其他个头较小的鹰那么喜欢飞翔，也没那么大胆。尽管我说这是一种普通的秃鹰，但你可不要以为这种鸟真的很普通，我说它普通是因为这种秃鹰在我们英国最常见

秃鹰

到。亚雷尔先生在他的《英国的鸟类》这本书中提供了一张秃鹰的插图，图中一只秃鹰正在喂养一群小鸡。这是不是很让人惊奇？

他说："已经有许多事例表明，普通秃鹰对于孵化和喂养幼鸟的季节性任务极为重视。几年前，阿克斯布兰奇（英国城市——译注）的方格子酒馆花园里养着一只雌秃鹰，它常常喜欢卧下来，并收集和弄弯所有它能得到的松软棍子。主人注意到它的举动，就给它提供了一些材料。雌鹰真的搭成了一个窝，卧在两个鸡蛋上孵蛋，

141

后来还喂养孵出来的小鸡。从那时候起，这只秃鹰每年都要孵出和养大一窝小鸡。

"它用爪子在地面上刨洞，并且弄破和撕碎自己所能够到的一切东西，以此表明它对于孵蛋的渴望。有一个夏天，为了让它免受孵蛋的劳累，主人把一些刚孵出来的小鸡送到它的身下，但它却把这些小鸡全部弄死了。到 1839 年 6 月，这只秃鹰已经组建了一个有九名成员的大家庭，其实原本是有十名的，只是有一只小鸡失踪了。有人喂肉给秃鹰的时候，它总是急切地撕碎这些肉，然后叼着肉去喂自己照顾的小鸡。如果那些小鸡吃了一点点它喂的肉，然后跑去吃谷物，这只雌秃鹰就会显得十分不安。"

草地上那个很像老鼠的小东西是什么？它跑得可真快。啊，我抓到它了。不，它又跑了。它正在草根底下刨洞，这次我可牢牢地抓住它了。我戴着手套，它咬不到我。瞧瞧这个小坏蛋，它全身的短皮毛就像丝缎一样柔软，还有一个长长的鼻子。你看它的尖鼻子多灵活呀，多么适合在最密的牧草中或泥土下面打洞。

这个小东西的牙齿可尖利了，它就是用这些牙齿来咬食虫子和各种昆虫的幼虫的。哦，它叫什么名字？这是常见的鼩鼱（鼩鼱是一种体型细小、外貌有点像一种长鼻鼠的哺乳纲动物，喜欢吃虫子，是一种小巧可爱的有益动物——译注），虽然外形跟老鼠一样，但是，确切地说，它根本就不是老鼠，倒是跟鼹鼠的关系更近些。

据说鼩鼱很好斗，如果把两只鼩鼱关在同一个盒子里，强壮的那个就会打败体弱的那个并把它吃了。据说鼹鼠也会吃它的这个小亲戚，虽然这很有可能，但我从未找到这方面的实例来证明。梅想知道猫吃不吃鼩鼱——我过去经常用一些死鼩鼱来试探猫，却发现猫始终都不碰这些小家伙。不过，我敢说猫会杀死鼩鼱，鼩鼱的气味当然不太好闻，这一点你们从我手上的这个小家伙就能知道了。要注意别让它咬你的鼻子。

现在我们已经仔细看过它了，那就放它走吧。要了人家小动物的命并不好玩，况且这只鼩鼱不做任何坏事，消灭昆虫的幼虫，伤害它可真是让人惭愧了。如果某些有害的动物一定得被杀死，那我们取走它们生命的时候也要小心一些，让它们尽可能地少受一点痛苦。

你们当中会有人相信我刚才放走的那只小鼩鼱曾被

鼩鼱

当做牛最危险的敌人吗？可是我们的祖先却曾对此深信不疑呢，他们认为如果蚼蠽从牛身上爬过，那么牛的腰部就会变得脆弱，被它咬了的牛会死于心脏肿胀。这是多荒谬的想法啊，而治疗的方法就更荒谬了，我简直不知道还有什么比这更荒谬的：治疗的时候，需得拿一小枝蚼蠽白蜡木从牛背上绕一圈。

"蚼蠽白蜡木，"吉尔伯特·怀特说，"是一种白蜡木，用它的枝条或小树枝可以立即减轻这头牲畜因蚼蠽爬过而引起的疼痛。人们认为蚼蠽天生就是一个灾星，因为它爬过的牲畜——也许是马，也可能是奶牛或羊——都会受到严重的疼痛折磨，甚至可能一条腿瘫痪。为了应对这种频频发生的灾祸，我们那些深谋远虑的祖先们总是预备着蚼蠽白蜡木。蚼蠽白蜡木只要制作好了，就能一劳永逸。它是这样制成的：先用螺旋钻在树干上挖一个很深的洞，一只可怜而忠心耿耿的小蚼蠽就被活活地塞进那洞中。不用说，这时铁定还要念一些我们早已遗忘了的古老咒语。"

真是不可思议，人们居然相信过这种东西。然而，即便是现在，也依然有许多人相信同样荒谬的东西，类似的迷信和无知仍然在有些人的心中根深蒂固。

看看山楂树篱上的这些蜘蛛网。它们是用纤细的丝线织成的，形状像一个长漏斗。蜘蛛占据着最下面的位置，如果有昆虫自投罗网，它立即就会冲上去；要是你把手从蛛网的前面伸进去，它就会飞速地向下逃窜。那个漏斗的顶部向外延伸，形成一张面积甚大的丝网。

整个陷阱都用丝绳绑在灌木的小枝上。这个丝网既是捕捉其他昆虫的陷阱，也是蜘蛛的住所。而这种个头挺大的蜘蛛叫做迷宫漏斗蛛，树篱、草、荒地和荆豆（生长在欧洲的一种深绿色的灌木，开黄色小花，有尖刺——译注）上常常能见到它的网。

你们必须学会区分蜘蛛的巢和陷阱。树篱上有许多车轮状的网，这也是你们最常见到的一种网，那就是蜘蛛布下的陷阱，或者说是它下的圈套。有露的清晨，蜘蛛网上挂满了一串串晶莹夺目的液体珍珠，实在是美丽极了。这棵橡树下有许多去年秋天结的橡果，橡果掉了出来，而黑色杯形托还挂在上面。你们看到了没，橡果的杯形托里有一张精致的蜘蛛网，里面有许多细小的圆卵，一只小蜘蛛正在里面放哨站岗，这就是蜘蛛的巢。

许多蜘蛛都为自己的小圆卵织茧，把它们安放在不同的地方，然后离开；有的蜘蛛则非常关心自己的卵，走到哪儿就把卵带到哪儿。我们现在看到的这张蛛网或者说陷阱，它的主人会用柔韧的白丝织成茧，每个茧里都会有一百枚左右颜色发黄的圆形卵。这些卵被绑在蛛网的内部，许多根丝线紧密连结形成丝柱支撑丝

145

网。装有茧的囊则粘在草茎或其他物体上，在一些枯叶的后面若隐若现。

"为了抓住猎物，"布莱克沃尔先生是《英国的蜘蛛》这部精彩作品的作者，他曾这样说过，"蜘蛛使出了各种各样的招数。许多蜘蛛为了得到食物跑得飞快；有的蜘蛛接近自己的猎物时则极为谨慎，会隔着一段距离猛扑过去；有的蜘蛛则躲在花和叶子后面，待昆虫靠近时才突然逮住它们。很多种的蜘蛛都凭借自己编织的复杂陷阱来获取食物。"最漂亮的陷阱，当属我说过的蛛科蜘蛛编织的各种"轮中轮"网。

"那种和蜘蛛有几分类似的东西又是什么呢？"威利问，"就是身子很长，常常在水上滑行的那种东西，样子有些和蜘蛛相似。"

它们根本不是蜘蛛，而是一种叫做尺蝽的昆虫。人们给它取这个名字是因为它有一种古怪的习惯，它们每次在水面上短滑一段后都要停下来，打量自己滑过的距离，然后才继续前进。不过，许多蜘蛛真的能在水面上奔跑。你们知道吗，有一种大水蛛已经习惯了水上生活呢。

若干年前，我把一只水蛛放入盛了水的玻璃容器中，然后看到它编了一个很特别的圆屋顶形的网，那个网就挂在瓶子一侧和一些水草上。这些圆顶是用白色细丝密织而成的，形状像潜水氧气罩，也像半个鸽子蛋，德·基尔说得确切，蛛网的开口是朝下的。圆顶看起来像个半球形的铃铛，它的形状受到空气的多寡的影响。

迷宫漏斗蛛

事实上，那是一个白丝环绕覆盖的巨大气泡。和你们猜想的一样，这个东西甚是好玩好看。蜘蛛把卵放在银白色的圆顶下，数量大概是一百只或更多，蜘蛛把它们全都封藏在茧中，而茧则附在圆顶靠内的位置。

147

"可是，这个气泡是怎么形成的呢？"杰克说，"空气又是从哪儿进来的呢？"

你问了一个很有趣的问题，我可以给你答案。如果我们没记错的话，十二年前著名的自然学家、出色的观察者贝尔先生已经轻松解决了这个问题。他发现，大蜘蛛先从水面带一些空气下去，然后把空气存在自己的圆顶房里。

我要引用贝尔先生的话，他是这样说的："这个动物获取气泡的方式非常奇特，据我所知目前还没有相关的确切描述。借着一根与叶子或其他支撑物相连的丝线，蜘蛛缓缓升到水面，一靠

148

蜘蛛的毒牙（放大图）

近水面，就立即翻过身来让腹部朝上，把身体的一部分在空气中暴露片刻，然后它猛地抓住一个气泡。气泡不仅粘在覆盖蜘蛛腹部的细毛上，同时还有两条后腿托着——蜘蛛一抓到水泡，两只后脚立即在身体后端交叉，形成一个锐角。然后这个小生物以更快的速度降落，回到自己的小房间。它通常是沿着同一轨迹，把腹部转到圆顶小室里面，然后松开气泡。"

蜘蛛的颚部甚是有力，这对弯钩形的颚部末端有一个小小的囊，里面装着毒液。毒液经过细细的通道从囊传送至颚部，再

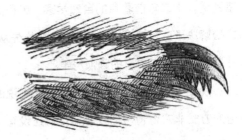

蜘蛛的脚（放大图）

从毒牙顶端的开口或裂缝喷进猎物的伤口。蜘蛛脚的末端通常有两个或更多带齿的爪子。有了这些小梳子，蜘蛛就能灵巧而高效地用丝线织成丝网。

七月漫步（下）

　　我们再去一次田间吧。骄阳似火，不过，走累了我们还可以去令人心旷神怡的树荫下歇歇脚。这株小小的漂亮植物是什么？它正盛放着大红花朵。这是红花琉璃繁缕，也叫"穷人的晴雨表"，每当下雨，它就会闭合花瓣；它甚至能预知阵雨将至，赶在雨水降落之前合上花瓣。其他也有一些野花，譬如旋花会在下雨前合上花瓣，不过，这小小的繁缕的确是最好的晴雨表无疑。

　　繁缕还有一个特点，下午三点过后，它就鲜少再张开花瓣。在其他国家，人们也注意到了这种花开闭是有规律的。西曼博士曾经以自然学家的身份参加过一次北极探险，他注意到这种花在北极夏天的极昼期间仍会闭合。

"虽然，"他说，"太阳挂在天上一直不落，可是这种植物却从来不会搞错时间。虽然夜不再是夜，但夜晚时间一到，即便子夜的太阳仍然高升在地平线之上，但是就像在它更喜欢的那些地方一样，琉璃繁缕依然会垂下叶子，进入梦乡。"

你们瞧这艳红的花瓣，里面是小小的紫色花蕊。除了罂粟之外，我觉得再没有什么野花有这样殷红的花瓣了。不过，它的花并不总是大红的，还有一个繁缕的变种开的是紫蕊白花，另外一个变种则会开出深蓝色的花朵。

对了，杰克，你发现什么东西了，对吗？啊，这是一种古怪的植物。它的习性很古怪，名字也甚是古怪，叫做"杰克中午上床睡觉"（Jack-go-to-bed at noon， 即 葱芥——译注）。所以啰，我们有时候也会用另外一种植物的名字叫你——"树篱边的杰克"。梅（May），当然就是"五月"的意思，也还有山楂花的意思。另外还有"待在家的罗宾"（作者的另一个孩子——译注），因为他经常撕扯自己的衣服，所以是"衣

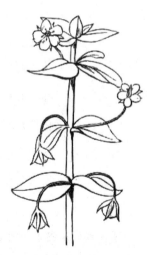

红花琉璃繁缕

151

服破烂的罗宾（Ragged Robin, 即仙翁花——译注）"。

你手中的这个植物还有一个名字叫"山羊胡子"。它的长叶像草一样，花则是明黄色的。现在还不到十一点，所以花瓣是张开的，通常到了中午它的花瓣就会闭合。你们再看花茎的颜色，花茎上面长着一种碧绿色的花。那么，你们永远都不会见到它在下午开花，所以对它来说，"杰克中午上床睡觉"这个名字还算恰如其分。

152

又到了正午的好时辰，

太阳在高高的子午塔上，

俯视着大地，多么雄壮。

青草地上现在是几时？

山羊胡子迅速起立致意，

它戴着面纱，顶着宽阔的花盘，

合上了套在黄色脑袋上的披风，

就像农人说的，上床睡觉去。

现在我们来到了溪流边，你们看到水底那些缓慢移动的东西了吗？它们就像一节节的小棍子。

　　"我知道它们是什么，"杰克说，"每个蛹里都有一条好肥的蛆，它们就是石蚕。"

　　你说的很对，它们以后会长成昆虫。这儿还有另外一种；这个房子是用沙砾堆就的，附在这块光滑的石头上。我要打开这个蛹，你们看到这个长圆柱形蛹的薄壳了吗？我用折叠刀打开它，现在你们能看到里面的生物了。里面有好多石蚕，最有趣的要属观察它们建造的形状各异的房子了。

　　正如我们看到的这样，有些幼虫生活在可以移动的壳中，而有些虫子的住所却是固定的。另外，这些各式各样的壳是用不同的材料造就，有时是少许沙砾，有时是沙子、木头、叶子、草，以及淡水软体动物的空壳。幼虫嘴里分泌的一种物质能把木棍的碎块和细碎的沙砾黏合在一起。

　　有时候，我们也会看到一些用沙子做的壳，壳的每一侧都有一些灯芯草和木棍的细长碎屑。一位女士曾经从壳里取出了许多幼虫，然后把它们放进一个盛了水的容器中。女士还往容器里放进了许多材料，比如彩色玻璃、红玉髓、玛瑙、缟玛瑙、铜屑、珊瑚和龟甲等，这些圆滚滚的小东西就利用这些材料建成了房子。

　　石蚕的成虫有四只翅膀，由于翅膀被一层密密的毛覆盖，所以它们所属的纲目名称便是 Trichoptera（毛翅目），意思是"多

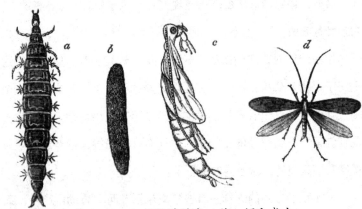

a，b，c，d. 石蝇的幼虫、茧、蛹和成虫

毛的翅膀"。这种昆虫你们一定认识许多，附近的池塘和溪流中经常能见到它们，它们通常喜欢沿着曲曲折折的路线飞，样子和飞蛾有些像。

啊！溪岸旁还长着一垄十分艳丽的勿忘我呢。你们来看这些珐琅一样的蓝色花朵，每一朵花都有着黄色的花蕊，叶子是亮眼的绿色，不过很是粗糙。也有其他一些种类的花朵和勿忘我很像，你们经常能在树篱和田间看到它们，只不过比勿忘我要小一些。不过，这种才是真正的勿忘我。有关勿忘我这个名字的来历，流传着好几个故事。其中一个是这样的：

许多年前，一位淑女和一位骑士在河边漫步，这位小姐远远地看到这些明蓝色的花朵，我想那些花朵应该是长在一个小岛上，当时河水很深，而小姐很想得到这些美丽的花儿。于是，她的恋人马上跳进水里，游过去拔下了那株植物。可是回来的时候水流冲刷的力量实在太大，骑士在水里面失去了平衡；最后，骑士用尽全身力气，将那明蓝色的花朵扔上了岸，高呼一声"勿忘我"，然后就沉了下去！

可是淑女对骑士如此倾心，始终不能忘怀他的不幸。她珍藏着那朵炫目的蓝花，把它簪在自己的发间，她叫它——"勿忘我"

这轻柔流淌的河水真叫人舍不得离开，但我们必须往前走，不能再在这里逗留了。那么，再见了。

溪边那黄蕊的蓝色花朵，柔和的希望宝石，甜蜜的"勿忘我"。

我们横穿道路的时候，遇见了两个手拿诱捕笼和细长树枝的男人，树枝上厚厚地涂了一层粘鸟胶。两个笼子里各有一只驯服了的黄莺，那是诱捕其他鸟用的。这两个人只诱捕到一只鸟——要价是半个克郎（相当于五先令的英国旧币——译注）。笼子里的黄莺用叫声引来其他的黄莺，那些黄莺有时会落在陷阱上，结果立即被关了起来；有时候则会落在涂有粘鸟胶的小树枝上，结果被粘鸟胶牢牢粘住，再也无法脱身。

"鲜艳的羽毛，活泼的天性，让人舒服的样貌和啼声，以及易

黄莺

对喂养自己的人产生眷恋的性情，这些长处让黄莺成为并且很有可能继续成为最受喜爱的笼中鸟之一。黄莺特别能承受这种笼中生活，据说它们可以在笼里关上十年，而且每年中的大部分时间都在啼叫。

　　喜欢啼叫歌唱和呼朋引伴的秉性让它们成为重要的媒鸟（通过叫声帮捕鸟人吸引野外其他鸟一起鸣叫从而诱捕鸟的一种驯鸟——译注），捕鸟人用它来诱使其他的鸟落入鸟罾之中。黄莺能让捕鸟人捕到鸟，而他们还想捉更多的鸟，并且公众对黄莺也是持续有需求，这就使得黄莺成为鸟商们最重要的鸟类交易品种之一。"梅休先生说，据说有一只黄莺在鸟笼里待了二十三年。

他还告诉我们，在伦敦街头，一只黄莺的售价是六个便士到一个先令。如果抓到的鸟特别多，鸟店存鸟充足，那么一只黄莺则卖三到四个便士。想想吧，有人计算过，伦敦附近每年有七万只会唱歌的鸟被捕捉；而在街头售卖的鸟儿中，黄莺占到其中的十分之一。

人们还教给黄莺一些滑稽把戏让它们表演，比如用顶针大小的桶给自己打水喝，或者掀起小盒子的盖子然后找到里面的种子。有一只黄莺曾经被训练装死，揪着它的尾巴或爪子的时候，它看起来没有一丝活着的迹象；或是在空中头朝下爪子悬空，或是模仿荷兰的挤奶女工用肩膀扛着奶桶去市场，或是假装正在站岗的哨兵。

有一只黄莺还曾被训练扮演一名炮兵，它头戴帽子，肩膀上扛着一支明火枪（以燧石发火的旧式枪——译注），爪子握着一根火柴，作势要发射这枚小火炮。"这只鸟还表演过受伤的样子，它被装在一个手推车上推来推去，装出一副好像要被送去医院的样子，之后它便在同伴面前呼啦一下飞走了。"还有一只黄莺会转动风车，有一只黄莺站在一些爆竹中间，爆竹在它身边爆炸时，它却没有表现出一丝畏惧。

当我们想到许多鸟儿变得如此温顺而感情丰富，当我们想到它们的美丽和它们喉咙里唱出的美妙歌声，当我们想到许许多多的鸟儿在帮助人们消灭抑制有害的昆虫和毛毛虫，那么，它们受到的保护如此之少，难道不是很令人奇怪吗？

你们知道的，我们常常碰到一些小孩和一些身强体壮的大人，他们手上掐着那些无助的幼鸟，打算用这样那样的方式折磨它们，也许是在它们的腿上拴上绳子拽着它们到处飞，也许是把它们放在大石头上然后朝它们投掷东西。你如果想告诫他们，这种野蛮行为是不对的，那根本就不管用，简直就是对牛弹琴。

这些蚱蜢可真吵，它们不停地发出尖锐刺耳的吱吱声，全身心享受这阳光和热度。威利，只要给我逮一两只就行。好的，有一只已经蹦到你面前了，现在它又跳到了草叶上。你逮住它了没有？没有吗？好吧，拿上这个纱网。这回你抓住它了。

"这些蚱蜢是怎么发出那种奇特声音的呢？"梅问道。

如果你离一只蚱蜢没多远，而它又刚好在聒噪的话，你就会知道它是怎么做到的了。看，那儿，有一只蚱蜢立在车前草的茎上。它的腿特别轻快地摩擦着鞘翅，你们看到了吗？现在它没发出声音，而腿也不动了。所以，很明显，蚱蜢是用腿摩擦翅膀发声的。现在我要用手里这只蚱蜢的大腿去摩擦它的翅膀，你们将听到那刺耳的声音。不过，也只有雄蚱蜢才会这么吵闹，雌蚱蜢是不出声的。有人说蚱蜢身上还有一种器官，似乎能使它的声音增强。我有时候会把黑蟋蟀和蚱蜢一起放在一个平底无颈酒杯下面，然后喂给它们一些草尖湿润的草，它们吃草的速度可真是让人瞠目结舌。

你们应当记得，蚱蜢是蝗虫的亲戚，它跟蝗虫真的很像，只是蝗虫比较大而已。蝗虫有好几种，每一种都极其有害。你们已经在《圣经》里读到过它们对树木和各种农作物的破坏是多么可怕了吧。值得庆幸的是，蝗虫很少到我们这儿来，这儿从没出现过较大的蝗灾。我们的绿蚱蜢和那些蹲在住宅里欢快吵闹的蟋蟀关系也很近。

一旦蟋蟀在谁的家里安营扎寨，再想除掉它们可就难了。和许多爱聒噪的人一样，蟋蟀不愿意别人比它的嗓门更高。有一个人讲过这样一个故事：有一个女人用尽一切办法要把蟋蟀赶出去，可是都没能成功。最后，蟋蟀却被她准备在一个婚礼上娱乐宾客的鼓和喇叭的声音轰跑了。据说——不过你并非一定

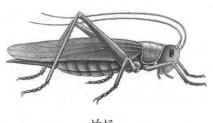

蚱蜢

159

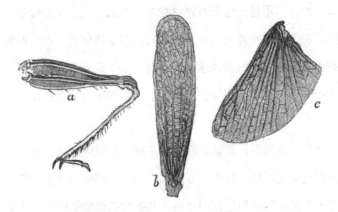

a. 蚱蜢的腿　b&c. 鞘翅和翅膀（放大图）

要相信这个故事——它们迅速离开了这栋房子，那个女人此后再也没有听到蟋蟀鸣叫的声音。不过，即使房子里没有乐器，只要有六个左右的女人，也能达到一样的效果。你觉得这个主意怎么样，梅？

"爸爸你真坏，不过我知道你只是说着玩的。"

这儿有个很大的池塘，清澈见底，站在岸上我们便可以看到池中的一切。水面上有一些黄色的荷花，花朵下面是宽阔的荷叶。我注意到这些花经常会受到某些双翅飞蝇幼虫的攻击。这些飞蝇在莲花的花瓣里产卵，其实也就是莲蓬；那些卵会渐渐孵化，而孵化出来的幼虫则会吃身下的莲蓬。有关这种飞虫我只知道这些。

我常想着要追溯一下它们的历史，可不知怎地总是会忘记。

你们看到在水面上晒太阳的梭鱼了吗？它躺在那儿，一动不动的。这可是一条不小的鱼呢，我说它至少有四磅重。

"真希望咱们能抓住它。"威利说。

我们没有带钓具，况且梭鱼在水面上晒太阳的时候，很少有吞吃诱饵的想法。

"你看过的，"杰克问，"捕上来的最大梭鱼有多大？"

大约五年前，我曾见过一条在运河里被活捉上来的梭鱼，它足足有二十一磅重呢，真是一条了不起的鱼。梭鱼实在是很贪吃，它们常常吃小鸭子、水鸡和水姑丁，有时候还想吞下比它大得多的鱼。听说有一次，一条梭鱼咬住了天鹅的头，天鹅当时正低头在水下吃东西，梭鱼一口吞下了太多，最后梭鱼和天鹅都死了。仆人觉得天鹅的脑袋在水下停留得比平常要久，划船过去看才发现天鹅和梭鱼已经双双归天。盖斯勒说，隆河里的一条梭鱼咬住了一头被牵到水边的骡子的嘴唇，没等到它松口，就被那头牲畜从水里给拽了出来。

沃尔顿先生的一位朋友养了一些水獭，他的这位朋友就是西格雷夫先生，西格雷夫先生信誓旦旦地和沃尔顿先生说，他知道有一条饿极了的梭鱼为了一条鲤鱼和他的一只水獭开战，当时那只水獭正要把自己捉到的鲤鱼从水中带出来。另外，还有一个波兰女人在池塘边洗衣服的时候，被梭鱼咬住了一只脚。

杰茜太太讲过一个绅士的故事。有一天，这位绅士沿着微河走，他看见浅浅的溪水中有一条大大的梭鱼。他马上脱下外衣，撸起衬衫袖子便下了水，他想挡住梭鱼的退路，用手从下面抓住它，然后用力把它扔到岸上。就在他这么做的时候，梭鱼发现自己无法逃脱，于是张嘴咬住了这位先生的一只胳膊，当时撕咬得太厉害了，据说那个伤痕很久之后都还清晰可见。

梭鱼能活九十年乃至更久。据老盖斯勒说，1497 年，在苏阿比阿的哈里布伦捞到了一条梭鱼。梭鱼的身上有一个黄铜的环，上面用希腊文刻着这些文字："我是一条由宇宙的统领者弗雷德里克二世亲手放入湖中的鱼。1230 年 10 月 5 日。"也就是说，这条梭鱼有二百六十七岁了。人们说它有三百五十磅重，骨架有十九英尺长。

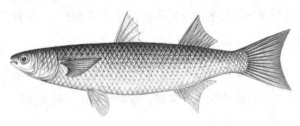

梭鱼

九月漫步

秋天真是个令人心旷神怡的季节。成熟的玉米地满目金黄，苹果和梨子挂满果园的枝头。不过现在，金灿灿的谷物已经储藏妥帖，鸟儿的歌唱也已进入尾声——除了知更鸟和篱莺它们吧，即便是严寒的冬日，偶尔也会用讨喜的歌声让我们的精神为之一振。不过，总还有几种野花挑动我们的兴致，而羊齿蕨依旧美丽地不可方物。各种各样的菌菇在田间和树林里纷纷冒头，这样迷人的日子，怎么能不漫步一场呢？

我们要驾车去瑞京山，去那山脚下的树林里探险。我敢肯定，咱们一定能遇上许多许多的美丽景色。树叶尽染浓浓的秋色，林子里是一番满目绝美的景象。我们要穿过这块草地，沿着小道往十树山的方向走。那么，谁会第一个找到大红色的捕蝇菌呢？尽管捕蝇菌很美，但它却是有毒的；我们要把对健康有益的菌菇放在一个篮子里，把那些让人疑心的菌菇放进另一个篮子。

你们看，这儿有一朵亭亭玉立的洋伞菇，有着长长的伞柄，伞盖上缀着些棕色点点，有的连成一片。这种菇极为鲜美可口，在我看来，它比普通的蘑菇好吃多了。

"我们能找见牛排菌吗，爸爸？"威利说。

我从没在这儿见过牛排菌。它们更喜欢长在很老很老的橡树上，另外，它怎样也算不上常见。人们之所以叫它牛排菌是因为用刀切的时候，切口处会流出红色的汁，很像切牛排时流出来的肉汁，我觉得嫩嫩的牛排菌菇整个看起来都很诱人。这种牛排菌我吃过三四次，虽然它十分有益健康，无疑非常有营养，可我并不觉得它好吃。

这里有一些鬼笔鹅膏（一种有毒的菌，也叫绿帽菌、鬼笔鹅膏、蒜叶菌、高把菌、毒伞等——译注）。绿色的菌帽配着白色的菌

牛排菌

菌

1. 牛排菌　　2. 红笼头菌（非常稀有）　　3. 牛肝菌

4. 刺猬蘑　　5. 捕蝇菌　　6. 珊瑚菌

7. 鸟巢菌　　8. 鸟巢菌的孢子囊（放大后）

柄，煞是美丽。不过我可没什么兴趣吃它们，你们有没有发现它的味道很不好闻？

山毛榉树上钉着那么多的动物！我们过去看看都有哪些——两只猫，三只臭鼬，两只白鼬、四只松鸡，两只黑喜鹊，两只茶隼，一只猫头鹰和一只鹞子。猎场守护人认为这些动物都是猎禽的敌人，所以对它们大肆诱捕和射杀。

除了臭鼬、猫头鹰和茶隼以外，其他几种动物确实经常吃小野鸡或吸食野鸡蛋的蛋液。可我还是不愿意看到那些偶尔才伤害受保护的猎禽的野生动物不分青红皂白地就被杀死。猎场看护人对自己的野兔、鹧鸪和野鸡感情深厚，却把别的野生动物不是当敌人，就是认为无足轻重。的确，猎场看护人的动物学里只有五种东西——野鸡、鹧鸪、野兔、家兔和蚂蚁卵。

啊，我方才貌似看到前头二十码远的地方有捕蝇菌。千真万确，这儿有好多好多的捕蝇菌；有的只露出红色菌盖的一部分，其他的一些则完全伸展出来。它们可真是太漂亮了。你们注意到，这些菌的菌盖上有许多白色的块块，让我们看看这些白块是怎么形成的吧。这儿有一个捕蝇菌，身子几乎全隐藏在底下，我要把它挖出来。搞定，现在你们看，完整的菌菇是裹在一个窄长的白色包层里的。这个包层叫做菌托（volva），来自拉丁文的

volvo，意思是"我卷起来了"。菌托碎了之后，就会在菌菇的菌盖上留下一些零散的小片块。捕蝇菌的菌褶是白色或微黄的，菌柄则是圆鼓鼓的。

其实这并不是一种常见的菌菇，不过在瑞京山周围的林中倒是常常能碰见。这种捕蝇菌吃了以后，会让人觉得像喝了酒一样。巴德姆博士吃过各种各样的菌菇，他还写了一本关于有益菌的很好的书。

有一次他得到了一些捕蝇菌标本。于是，他把这些捕蝇菌寄给了两位女性朋友，打算回头登门拜访，并向她们解释自己送这些菌菇的原因在于菌菇拥有独一无二的极致美丽。巴德姆博士还没到，可是两位女士说："噢，巴德姆博士当然不会送给我们什么有害健康的东西，我们还是煮一些当茶点吧。"于是她们真的煮了一些吃了，结果两人都病得非常厉害。不过，幸好不良反应很快也就过去了。

你们看那只小松鼠，看它爬树爬得多么敏捷轻巧呀。现在它躲到了一个树杈上，肯定以为我们还没发现它。对了，我一定得记着告诉你们，这块地方大量生长着的这种菌之所以被叫做捕蝇菌，是因为过去人们常用它熬的汁来灭蝇。西伯利亚人还会吞吃一定量的这种菌来让自己产生醉酒的感觉呢。

这儿还有另外一种菌，它跟我们刚才讨论过的捕蝇菌关系很近，可样子却不尽相同。这是红脸菌，你们看，它的顶上也有一些白色的小片或者说是小疣，没有养成仔细分辨东西的习惯的人兴许会把它和捕蝇菌搞混了呢。现在你们看，我要用小刀切开这个标本，轻轻地挤它，你们看到它是怎么变红的了吗？这样一来，它也就把自己和无益健康的亲戚捕蝇菌区别开来了。正是由于它有这种特性，所以就有了"红脸菌"这个名字。

这种菌十分有益健康。你们记得的，去年秋天我们常常用它来做菜，甭管是做早餐还是晚餐，都是人间美味呀。不过，我从来都不赞成没有研究过菌菇的人在没向拥有相关知识的人请教的情况下，就把菌菇采来吃；而且我很确定，孩子们，你们采到的菌菇在没拿来给我看之前，一定不会有想吃它的念头吧。

有只松鼠坐在那儿。我们让它给我们表演一下，看看它是怎么从一个大树枝跳到另一个大树枝上的。我拍了拍手，杰克立即扔了一块石头过去——那个小家伙果然跳

松鼠

了起来，来了一个精彩的跳跃。由于冬季将至，松鼠在这个季节就要忙着储存冬天吃的栗子呀，橡果呀，山毛榉实什么的。因为冬天的大部分时间里，松鼠都在休眠。碰上温暖和煦的日子，它倒是会冒一冒险从树洞上的安乐窝里出来，去到自己的碗橱旁，嗑上几颗栗子，然后回去继续睡大觉。

松鼠的窝是用苔藓、树叶、小树枝这些东西以一种奇怪的方式缠结而成，通常它们的窝放在分叉树枝上。一窝松鼠幼崽是两到三只，通常在六月出生。一位绅士在一封给杰宁斯先生的信中这样写道："一个房间的窗外正对着的一棵树，那棵树上常常有一对儿（松鼠）出没，它们向一对喜鹊表现出了莫大的敌意，双方打起了拉锯战。它们总是无比敏捷地从这个树枝跳到那个树枝，从这棵树爬到那棵树，寻找着那对喜鹊。也不知道（松鼠对喜鹊）施加这种迫害是由于交战双方天生相互憎恶，还是出于猜忌，担心对方干扰到自己的巢。"

地面上那些直径约四五码的黑色圆形地块，在瑞京山的树林中很是常见，它们是什么呢？那是人们烧制木炭的地方，这种地方一定要仔细察看，因为你总能在上面发现一些其他地方绝少见到的稀有植物。比如这儿就有大量的烧地环锈伞。这种菌很喜欢长在这些烧制木炭的地方，我可不认为你们还能在其他地方觅得

169

烧地环锈伞

它的芳踪。沃辛顿·史密斯先生告诉我们，这是一种非常稀罕的英国菌。伯克利先生的《菌菇学概论》都没有提及到它。这儿有个美丽的菌菇是钹孔菌的一个变种，亦是十分罕见。菌盖上可以找见浓赭色、巧克力色和黑色这三种颜色，这种菌只有在这些烧炭圈里才能找到。

我们再往前面走一点。看这些颜色鲜艳的亮橙色菌，它和脚下的苔藓一样，一大簇一大簇地生长。每一个菌菇都有着柔嫩的菌柄和短短的枝；好多的东西是和这些根和菌柄的下半段紧紧缠一起！我们碰到了粘手的铆钉菇，和它一起的还有秀美的和可爱的赭红拟口蘑。它们的气味闻起来就像刚割下的干草的味道。

现在我们遇着了各种各样的牛肝菌属的菌菇。瞧，伞盖的下表面，上面密密麻麻布满了许多的小洞，与蘑菇和伞菌的菌褶很不一样。美味牛肝菌正如它的名字一样，分外美味，而且对身体有百利而无一害。

嘿！刚刚从我们面前逃走的是只什么鸟？很明显，那是一只

丘鹬。可能是最近才从南欧飞来这里的，虽然丘鹬有时也会常年
待在这里。丘鹬是一种相当俊俏的鸟儿，长着斑驳的深棕色羽毛，
长喙，黑色的大眼睛很饱满。

"这些鸟吃什么？"威利问道。

你们经常听到人们
说"它们靠吸水过活"，
而且"不吃任何食物"。
我想猎人们一般都是这
么认为的。可是，这种
说法根本不对，因为这
些鸟大量捕食蚯蚓，这
些也是人们经常能见到的场景。

丘鹬

关于这一点，我可以给出一个例子：有一只丘鹬曾被关在西
班牙某地的一个鸟类饲养场中，"饲养场里有一个泉眼，不停地
流出泉水，以保持地面湿润；出于相同的目的，那儿还种了许多
的树。饲养场里铺上了新鲜的草皮，各种虫子应有尽有，虫子们
根本无法藏匿。丘鹬饿了的时候，能通过气味找到它们。它会把
长喙插到地里，但从来不会超过鼻孔的部分，然后把虫子一条条
地拽出来，喙摆向空中。它让虫身完全伸展，顺利地吞下了它，

都无需动用颚部。整个"手术"瞬间完成，丘鹬的动作如此淡定，你很难察觉，所以看上去就好像什么都没做似的。其实，丘鹬从不会错过自己的目标，因为这个原因，还因为它从不把喙插进超过鼻孔小口的位置，我们可以由此得出结论：这种鸟是通过气味来确定食物方向的。"

自然史上，还有关于丘鹬非常有意思的一点，我一定不能漏掉。成鸟有时会把幼鸟从它们孵出来的地方运到柔软的沼泽地，让它们吃一些蠕虫和昆虫幼虫。它们晚上带着幼鸟出门，早上再一起回巢。

"那它们是怎么运送幼鸟的？"梅问道。

一些观察者说它们是用爪子抓着幼鸟，可是圣约翰先生坚持认为幼鸟是被紧紧地夹在它们大腿中间的。

"要分辨雌丘鹬和雄丘鹬是不是很难呢？"威利问道。

是的。我觉得要说出它们的差别简直是不可能。雄鸟比同龄的雌鸟体型要小，羽毛的颜色也略微有所不同，可是假如你遇到的鸟儿并非同龄，而丘鹬的羽毛在生长过程中经常会发生变化，那要说出它们是雄鸟还是雌鸟就真的是很难了。

"噢，爸爸，我们身下坐着的这块原木末端有一些圈圈，那是什么呢？"威利说。

这些圈圈就是"年轮"，表明了这棵树每年的生长情况，一年一个年轮，年年如此。由于冬天有几个月树木停止生长，所以前一年最后长出来的树木段和后一年最先长出来的树木段看起来十分不一样。所以，至少在我们英国，通过数树木的年轮，基本可以确定一棵树的树龄。只是同一品种的树木也是高矮粗细各不相同，即便是同样的树龄，年轮的宽度也会很不一样。的确，这一点从我们刚才坐过的那块木头就可以看出端倪。

你们看这些年轮多么不同，有的是那么宽，有的却非常的窄；呐，你们看，即使在同一年中，年轮的宽窄也不尽相同。树木的生长是个有趣的主题，我建议呀，等你们再长大一些，一定要多多留意身边的树木。

这儿还有另外一种菌，我很高兴能在瑞京的树林中发现这种菌呢，尽管只是零星地长着一些。把它拿起来，再让它翻个个儿，多么奇特啊！下面的菌褶既不同于捕蝇菌，也不像牛肝菌的菌褶一样布满小孔。它是由大量小巧的白齿或者说是白色小刺组成的，你们看它们多么美，又是多么娇嫩易折啊。这些刺像极了一些微型的锥子。它叫刺猬菇（中文学名为白齿菇——译注），之所以叫这个名字是由于它有个多刺的伞盖，或者说有个子实层。

"它好不好吃呢？"杰克问道。

173

刺猬菇

　　在我看来，它是最精致的菌菇之一，而最令人称奇的是，它的味道像极了牡蛎。去年我们把一些这样的菌菇切成了豆子大小的粒块，然后用晚餐吃牛排时就着的白酱汁去炖；我觉得就算说那是牡蛎酱汁也不会有人发现。倒不是说刺猬菇酱汁真的有牡蛎酱汁那么好吃，但正如我说过的，那种味道特别会让人想到牡蛎酱汁。我觉得虽然其他的菌菇也很美味，但没有哪一种可以像刺猬菇这样，能够与牡蛎这样精美的食物相媲美。

　　天色已经不早，我们也不能再在这里逗留了。我们采了多少能吃的菌呢？让我来数一数：有高环柄菇、赭盖捕蝇蕈、黄卷缘齿菌，还有我们进林子之前在草地上采的硬柄小皮伞。我们要把它们全部带回家，无论是做早饭还是当做正餐，都是相当不错的。其他的菌菇呢，也带回家去，然后把它们和书中的描述及图片进行对照。

　　现在，我们的漫步也就告一段落了。这一路上，我们发现原来有这么多的事物值得我们留意，这么多的美丽值得我们欣赏。我们不能忘了，我们周围所有的这些美丽事物都是伟大造物主的创造。让我们从伟大天主的著作中（这里指《圣经》——译注）得到教益——一切被造之物都各有使命，我们也应当完成自己的使命，用我们的顺服、勤奋、善良和耐心来表达我们对造物主的爱——因为他的旨意，"万物才会因创造存在"。